ISO運用の"大誤解"を斬る!

マネジメントシステムを最強ツールとするための考え方改革

飯塚悦功・金子雅明・平林良人 編著
青木恒享・住本守・土居栄三・長谷川武英・福丸典芳・丸山昇 著

日科技連

故　住本守氏に捧ぐ

　私たち超ISO企業研究会，そして日本のISO界は，2018年4月1日に大変に貴重な人材を失いました．享年69歳という若さでした．

　ISO/TC 176日本代表エキスパートとして長い間ご活躍をされたことをご記憶の方も多いかと存じます．当時は一民間企業に所属というお立場でしたが，常に産業界全体のこと，そして日本の将来のことを考え，的確な，また時には厳しい言葉で，意見そして持論を伝え続けていた住本氏の記憶はそう簡単には消えるものではありません．

　私たち超ISO企業研究会はこれまでに，いくつかのテーマでメールマガジンを発信してきましたが，住本さんはいつもシャープな文章を寄稿されていました．今回のメールマガジンの「大誤解」というテーマに関しても実に示唆に富んだ切れ味鋭い文章を書いてくださいました．これが，我らが畏友の最後の原稿になってしまいました．本書に所収するにあたり，住本節を活かし，最低限の編集上の修正を加えて第7章(誤解7)に収めました．

　通院されていることは私たちの間では周知のことでしたので，今回のシリーズでは1編のお願いしかしませんでしたが，もっと多くの「誤解」についても住本節を聞きたかったと，いまこのような時を迎え，後悔の念に駆られます．

　当研究会のみならず，日本におけるISOの浸透，発展に本当に多大なる貢献をされた住本氏の功績に衷心より感謝申し上げるとともに，ご冥福をお祈りいたします．

超ISO企業研究会
研究会委員　一同

まえがき

　本書の主タイトルは『ISO 運用の"大誤解"を斬る！』と少々刺激的ですが，ISO 9001 の認証取得をされている組織の方々，そして場合によっては，審査をされている方々，コンサルティングをされている方々にもお届けできるメッセージになるのではないかと考えて執筆を開始しました．

　ISO 9001：2015 改訂版が発行されてから早くも 3 年が過ぎます．IAF（International Accreditation Forum：国際認定機関フォーラム）からは，移行は 2015 年 9 月からの 3 年間とのガイドが出されていますので，2018 年 9 月には移行期間が終了し，旧規格 2008 年版は廃止となります．この 3 年間に ISO 9001：2008 規格から 2015 年版への移行審査が進んでいますが，その認証審査の実態を見聞きするに，ISO 9001 に基づく品質マネジメントシステムについて，多くの誤解が世の中にあることを痛切に感じます．

　私たち超 ISO 企業研究会では，多くの誤解と思われる事案をメンバーで議論し，その中から代表的な誤解を取り上げて，改めて ISO 9001 規格の意図を世の中に訴えたいという趣旨で，「QMS の大誤解はここから始まる」と銘打ったメールマガジンを発信しました．本書は，それらをもとに加筆修正し，超 ISO 企業研究会の会長・副会長である金子・平林・飯塚が，この順でレビューしてまとめ上げたものです．

　ISO（International Organization for Standardization：国際標準化機構）は，1928 年ジュネーブに NGO として創立されて以来，世界の人々が工業製品，サービスなどの使用において不便が起きないことを目的に，これまで約 20,000 件の規格を発行してきた国際機関です．JIS 規格の発行数が約 10,000 件であることを知ると，ISO が工業製品のみならずサービスまで含めていかに多岐にわたった活動をしてきたかが理解できます．

ISO の創設は，1918 年に収束した第一次世界大戦の反省に基づくもので，世界平和の継続的維持には人と物の交流が必要である，という思想が強く流れています．戦後は ISA から ISO と名前を変えてより充実した活動を行っていますが，1995 年に WTO の TBT (Technical Barrier on Trade：貿易における技術的障壁)協定の基準の一つに指定されたことにより，世界にこれまで以上に知られることになりました．

ISO は 1987 年に従来とは異なるジャンルの規格，ISO 9001 (同時に ISO 9002，ISO 9003)を発行しました．これが最初のマネジメントシステム規格でした．それ以前は，製品(サービスを含む)そのものを扱ってきた ISO が，世界の人々に製品を供給する組織経営にも標準化の光を当てようという思想で，マネジメントシステムの構築，運用を組織に要求するという領域を新しく開拓しました．その光は「能力の維持」という光です．今では当たり前になっていますが，30 年前においてもグローバルに品質がよく納期に合った物品を安価に調達したいとする動きは活発でした．その際に，川下組織(購入者)は川上組織(供給者)に品質監査をはじめとするいろいろな活動で，自分たちに納入される物品の品質保証を要求しました．

当然のことですが，調達した物品が不良品であれば，しかもその不良に気がつかずに最終工程まで生産をしたら，購入組織の被る損害は莫大なものになります．そのため，多くの組織は自分たちの調達先(供給者)を直接訪問して，生産現場を監査することでその危険性を最小化しようとしました．その活動(第二者監査)は，中小の供給者にとっては大きな負担になるものであり，供給者によっては 1 カ月に数回も異なる顧客による第二者監査を受けるほどで，その負担を軽減することのできる制度が望まれていました．

欧州においては，当時「大英帝国病」と揶揄されていた英国が，産業競争力強化をねらって供給者組織を第三者が認証するという制度を始めました．その制度には，認証書があれば第二者監査が軽減されるというメリットを入れ込んであったので，制度は英国ならびに欧州においてヒットしました．その第三者認証制度がヒットしたポイントは「マネジメントシステム」でした．

もし第三者認証制度において「不良率を下げろ」と要求すると，審査員が供給者の生命線である企業ノウハウ，固有技術に入り込み，組織情報が外部に流出する恐れが出てくることになり，供給者には採用しづらい制度になってしまいます．この弱点を克服したのは，供給者に不良率を下げろと要求するのではなく，不良率を下げるマネジメントシステムを要求する，という枠組みでした．しかし，この「マネジメントシステム」は両刃の剣です．枠組みがあっても中身が良質であるという保証はありません．

　さらに，「マネジメントシステム」の枠組みが本当にしっかりと構築されているかについても，認証制度の進展とともに疑問視する人も増えてきました．2012年に発行された，マネジメントシステム規格が適用する「共通テキスト」の箇条4.4には，マネジメントシステムの構築，運用について次のように規定されています．

　「組織は，この規格の要求事項に従って，必要なプロセス及びそれらの相互作用を含む，XXXマネジメントシステムを確立し(establish)，実施し(implement)，維持し(maintain)，かつ，継続的に改善(improve)しなければならない．」

　ここでいう必要なプロセスを確立するのは組織自身ですが，一番基本となる「必要なプロセスの確立」を確認していない認証審査の実情を見聞きします．

　マネジメントシステムは，強固な枠組みに守られて中身が維持されていくことが特徴であるにもかかわらず，その枠組みにヒビが入っているとすると，供給者の第二者監査の代用にはとても使えなくなります．反対にISOマネジメントシステムが強固に構築されていると，今のシステムの中身の状態が今後とも同じレベル，あるいは改善された状態で維持されることで組織の信頼性は高まります．

　このマネジメントシステムを強固にするということは，業務の標準(化)がしっかりとできており，それらが文書化した情報として可視化され，日常業務および教育訓練に継続的に活用されているということを意味します．そうすることで，供給者は確実に自身の能力を向上させることができます．世界に認証

が広がった原動力は，サプライチェーンにおける調達要件に認証書が使われたことにあります．

購入者組織は自身が活用する供給者組織に，調達の要件として「マネジメントシステム」認証書を要求するようになりました．しかし，この10年の間に徐々にこの調達要件である認証書の信頼度が低下しています．その結果，いろいろなところに変化が見られます．例えば，従来は「ISO 9001を取得していること」という調達要件が，「QMSを構築し運用していること」に変わりつつあると聞きます．

本書は，ISO 9001を基準とする国際的QMS認証制度の確立から約25年を迎える今，この制度に関わる「誤解」を取り上げて，この制度の有効活用にために必要な，基本的考え方や行動原理についての考察を深めようとするものです．

取り上げるテーマに関わるキーワードを挙げれば，「業績」,「費用」,「規模・業種」,「マネジメントシステム」,「本業」,「認証取得・維持」,「文書」,「内部監査・マネジメントレビュー」,「QMS」,「クレーム」です．

この順でお読みいただくのがよいと思ってはいますが，目次をご覧になって，興味深いテーマからお読みいただき，QMS認証の有効活用に関する考察を深めていただければ幸いです．

2018年8月

編著者を代表して

平林　良人

■ISOの規格条文引用について

　本書は，ISO 9000，ISO 9001などの表記で規格条文を掲載しておりますが，それぞれJIS Q 9000，JIS Q 9001などJISから引用しました．必要に応じてJIS規格票をご参照ください．

目　次

まえがき ………………………………………………………………………… iii

誤解 1　ISO 9001 をやれば会社はよくなる ……………………… 1
ISO 9001 の本質とその限界／QMS のレベルと固有技術／何を QMS の目的とすべきか／ISO 9001 の QMS モデルの効用／ISO 9001 を活用して会社をよくする／QMS の意図した結果(QMS モデルの目的)

誤解 2　ISO 9001 の認証取得(維持)費用は高すぎる ……………… 11
ISO 9001 の認証取得の効果／ISO 9001 の QMS モデルの効果／ISO 9001 の効果の把握／ISO 9001 の認証取得の費用／ISO 9001 認証取得を契機とする投資

誤解 3　ISO 9001 は大企業の製造業向けで，中小・零細企業には無理である ……………………………… 17
(1) 大企業のような"立派な"品質マネジメントシステムを構築しなければならない
　　文書化に関する誤解／"立派な"マネジメントシステムに対する誤解
(2) ISO 9001 の QMS は製造業向けであり，他の業種・業態には合わない
　　認証取得済み組織のデータ／ISO 9001 要求事項の解釈／ISO 9001 の QMS モデル

誤解 4　マネジメントシステムはすでにあるのだから ISO マネジメントシステムは必要ない，ISO マネジメントシステムは構築できない …………………… 27
はじめに
(1) マネジメントシステムはすでにあるのだから ISO マネジメントシステムは必要ない

マネジメントシステムとは何か／組織のマネジメントシステムへの ISO 9001 の QMS の組み込み

(2) マネジメントシステムはすでにあるのだから ISO マネジメントシステムは構築できない

いままでの文書に加えて ISO 文書が要求される／「すでにあるマネジメントシステム」を改善できない／すでにあるマネジメントシステムはしっかりしている／品質マネジメントシステムは組織の中にすでにある／すでにあるマネジメントシステムの見直しはいまの体制ではできない／すでにあるマネジメントシステムとモノサシが異なる

誤解 5　ISO 9001 認証の取得・維持に手間がかかりすぎて，本業がおろそかになってしまう ……………………………………… 43

はじめに／ISO 9001 認証の取得・維持と本業とを別物として扱っている／ISO 9001 の意図をはき違えている／ISO 9001 認証の取得・維持についての誤った理解／手間がかかることを否定的に捉えている／自分たちの本業を理解していない

誤解 6　どうやったら ISO 9001 が楽に取れますか？ …………………… 55

はじめに／楽に ISO 9001 に適合した QMS を構築して認証の取得をしたい／楽をして ISO 9001 を取得した結果／借り着の品質マニュアルを着た A 社の例／A 社のような組織のその後／丸投げしてしまう・したくなる理由／ISO 9001 は本当に難しい？／"楽な" ISO 9001 の QMS（再）構築法，維持法とは／おわりに

誤解 7　ISO 9001 に基づくシステム構築は品質部門の仕事です …… 65

品質部門の仕事は何か？／ある品質管理部門の担当者の悩み／ISO 9001 マネジメントシステムが真に有効であるために／目的が明確でない ISO 9001 導入が招く災厄／「システム文書作成＝マネジメントシステム構築」ではない／真に有効な ISO 9001 システムの構築に向けて

誤解 8　ISO 9001 では結局，文書があればそれでいいんでしょ？ ……73
良質な製品・サービスを提供するためには／標準（化）と文書の関係／文書の3つの役割／文書をどこまでもてばよいか／よい文書とは何か／標準どおりの業務の実施

誤解 9　今回の審査も指摘がゼロでよかったです！ …………………85
「指摘」の意味／受審組織側における誤解／審査側における誤解／よい審査にするために／審査の PDCA

誤解 10　ISO 登録維持のための年中行事として，内部監査とマネジメントレビューをちゃんと継続してやっています ………………93
役に立たない内部監査やマネジメントレビュー／QMS の PDCA を回すツールとして活用する／内部監査を有機的な活動とするために／監査プログラムの策定／監査準備とチェックリスト／監査証拠を得る方法／監査の実施／マネジメントレビューを有機的な活動とするために

誤解 11　QMS って，ISO 9001 のことですよね ………………………103
ISO 9000 とは何か／QMS の意義／QMS モデルとしての ISO 9001 の位置づけ／QMS モデルのいろいろ

誤解 12　ISO 9001 認証を受けた会社は，市場クレームを起こさないんですよね ……………………115
(1) 認証制度の本質
　QMS 認証制度とは何か／よいもの・よい方法への誘導／有用な認証制度の4条件／QMS 認証の効果
(2) アウトプットマターズ
　ISO 9001 の適用範囲／アウトプット問題／ISO 9001：2015 への反映／品質保証／日本における品質保証の意味／ISO 9000 の世界での品質保証／「品質を保証する」と

は何をすることか／クレームはなぜ起こるか

(3) **認証審査**
よい認証制度とは…？／認証制度の質／認証制度のビジネスモデル／適合＝非「不適合」なのか／灰色は黒と見なすべきではないのか／ISO 9001 適合とは何か／能力実証型審査／あるべき QMS 能力像／審査の焦点

あとがき ……………………………………………………………… 151
引用・参考文献 …………………………………………………… 156
索　　引 …………………………………………………………… 157

誤解 1

ISO 9001 をやれば会社はよくなる

　過日，私はこんな相談を受けたことがあります．従業員約 50 名の給排気設備の製造・設置を営む A 社の経営者からでした．

　「10 年ほど前に，顧客やコンサルタント，金融機関などから，『ISO 9001 をやりなさい，そうすれば会社はよくなります』といわれ，認証を取得しました．社員はまじめにやって，毎年審査員からも「皆さん大変に熱心にやって素晴らしいです，不適合はありません」といわれています．内部監査をやっても，不適合はありません．

　ただなんとも我慢できないのが，たまに不適合が出てきても，何とかの記録がないとか，捺印が漏れているとかで，会社の経営に役立つ指摘が出た試しがありません．ISO 9001 認証を取得したことで会社がよくなってきている実感はありません．それなのに，毎年審査費用はかかるし，今回は規格の改訂で規格要求事項が大きく変わったということで，このためのコンサルティングの費用もかかります．こんなことでは，ISO 9001 も返上したほうがよいのではないかと思っています」

　本当に ISO 9001 の QMS を構築・運用すれば，会社(の業績)はよくなるのでしょうか？　こんな『ISO 9001 をやれば会社はよくなる』という大誤解が本書の皮切りです．

ISO 9001 の本質とその限界

 ISO 9001 規格はそもそもが,欧米諸国で,国や地方自治体,さらに企業などの物品購入者が調達する際に,供給者に要求する品質保証システム規格がそれぞれの国にあったものを,国際取引の活性化のために共通化することを目的に,英国の規格をベースにして決めたものでした.それが後に,品質マネジメントシステム認証の基準として使われるようになったものです.国際規格を評価の基準とすることで,品質保証は,内部の品質保証を充実するための活動に加え,外部に信頼感を与えるように実証する活動の側面にも焦点が当てられるようになりました.

 一方,その弊害として,実証の記録である文書や記録を審査のためだけに作成するようにもなって,多くの組織で,社内の品質保証レベルは変わらず,説明する能力ばかりがうまくなってきています.A 社の経営者が言うように,審査員には褒められ,内部監査で不適合がなくなっても,それは説明する能力ばかりが高くなっただけで,中身が充実しなければ,会社の業績とは無縁となってしまうのです.

 この『ISO 9001 をやれば会社はよくなる』はずなのによくならない,という誤解の大元を少しひも解きましょう.それは,先に述べたような生い立ちをもつ ISO 9001 の QMS モデルの,次のような「本質」とこれらに関する「限界」から来るのです.

① 評価の対象は「マネジメントシステム」である.「技術」そのものは対象としていない.技術に関する評価は,必要な技術がマネジメントシステムの構成要素である手順,マニュアルなどの標準類に適切に埋め込まれ,技術レベル向上の仕組みがあるかどうかに限られる.

② 評価の視点は,マネジメントシステムの「適合性評価」であって,そのシステムを運用して得られた「パフォーマンス」そのものは評価しない.パフォーマンスが望ましくない場合,その理由・要因をマネジメントシス

テムの脆弱性に求めて評価する．
③ 評価の法的根拠は「任意」であって，民間の第三者機関による「適合性」の評価である．
④ 品質マネジメントシステムの目的は，「品質保証＋α」であって，「総合的品質マネジメント(Total Quality Management：TQM)」ではない．
⑤ 管理における関心事は，計画の質よりも実施の質にあり，計画どおり実施すればよい結果が出ることを前提にしている．
⑥ 検証機能を重視している．
⑦ 管理のスタイルは，計画，実施，検証の3つの機能の分離を前提としており，管理の実施者の管理スパンが限定されている．

前述のA社は，まさにこの「ISO 9001を基準とするQMS認証のもつ本質から来る限界」の落とし穴に，ズッポリとはまってしまったのです．社員は一所懸命に，ISO 9001の要求事項に「適合」するために文書や記録を作って，審査ではうまく答えて褒められ，内部監査では同じことを繰り返し確認することで不適合はなくなり，すべてうまくいっているはずなのに，空回りをしているのです．

QMSのレベルと固有技術

別のある印刷会社B社とC社ではこんなことがありました．印刷業では最近では，CTP(Computer To Plate)で製版するのが当たり前のように普及してきていますが，ひところは価格が高くて小さな会社ではなかなか手を出しにくいものでした．B社は，これからはこれが活躍するはずだと思い，「ムリしてでも」と導入しました．一方，C社はもう少し様子を見ようということで導入しませんでした．

両者ともISO 9001の認証取得をしています．B社は初めてで難しいこの機械の操作の手順を標準化していなかったので，審査のときに指摘を受けて，さっそくこの手順書を作成しました．C社はいままでどおりの標準化された作

業方法を守り，審査でも指摘を受けず，内部監査でも指摘ゼロです．

両社のその後の業績は，ISO の優等生であるC社は業績が悪化し，ISO で指摘を受けたB社は，CTP をみんなが操作できるようになり，これを活用して業績が上がりました．

この例を，先ほど紹介した「本質と限界」から見ると，B 社とC社の違いは，前述の①の評価(審査・監査)の実質的な対象です．対象は技術と裏腹の同じ「管理(マネジメントシステム)」で，技術そのものではありませんが，一方は高い技術レベルの作業の標準化であり，片方は低い技術レベルの作業の標準化です．評価の場面で，その技術の内容や，経営目的に適合するパフォーマンスを達成できる技術であるかどうかは評価しません．その技術を具現化する標準ができているか，そのとおり実施しているかを評価します．したがって，ISO 9001 に形式的に適合するようにいくら頑張っても，現在保有している技術のレベル以上の結果は引き出せないのです(**図表1**)．

また，QMS を運用して得られるパフォーマンスそのものについても評価の対象にもせず，あくまでもマネジメントシステムの適合性に限定されるという，前述の②の限界があります．C 社は，「労多くして益なし」の好例といえ

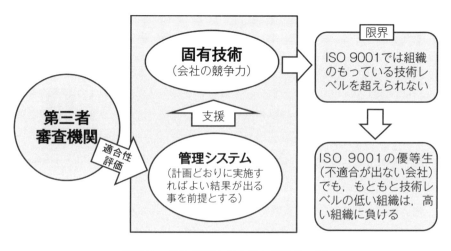

図表1　ISO 9001 の本質と限界の一例

ましょう.

何をQMSの目的とすべきか

　もう一つ例を挙げましょう．D社は，電機関連部品の金属の切削加工をする会社です．顧客である親会社は，D社をもっとよくしようとしてISO 9001の導入を奨めました．導入した当時は，D社の受注も多く，大変に忙しい会社でした．そこでできるだけ手間をかけないように，コンサルタントと相談して，現状で実施している以上の業務を増やさないように構築しました．

　例えば，品質目標は「クレームの減少」として，これを営業部門も含めて，全社で展開しました．目標を達成するための手段は明確に決めず，毎月の会議ではクレームの発生件数を確認し，その対応に追われるだけでした．

　一方，ライバルのE社は，当時D社よりも売上の低い会社でした．E社の社長は，なんとかD社を追い抜きたいと考えて，品質目標に「売上高」と「粗利益額」を入れて，営業部にはこれを品質目標として設定をさせました．そしてこれを達成するための手段を明確にして，この進捗を社長自ら毎月監視し，確実に管理をしました．

　その後，D社，E社の親会社は，電機業界の不況のあおりを受けて，国内工場を縮小し海外展開することになり，このために両社への注文量は減りました．D社は倒産寸前になり，E社は営業力の向上により，新規顧客を開拓することで事業を継続しています．無論のこと，E社はD社を追い抜きました．

　この例を，前述の「ISOの本質と限界」の④に関連づけて見ますと，D社は品質目標を，製品の品質保証のみに限定し，「品質保証＋α」の域を脱せずISOを運用していたのです．これに対してE社は，この目標管理を全社の総合的な品質マネジメントの一つとして位置づけ運用することで，この限界を乗り越えたのです．

　このように，『ISO 9001をやれば会社はよくなる』は誤解です．ISO 9001は「ただ」やっただけでは，会社の業績はよくなりません．いくつかの例で示

したような，ISO 9001 の QMS モデルの本質と限界をよく理解し，これを積極的に乗り越えていくことを意識して構築・運用することが大切なのです．

 ## ISO 9001 の QMS モデルの効用

ここまでは，ISO 9001 の QMS モデルの本質と，ここから来る限界について話をしました．これだけを読むと，やっぱり ISO 9001 はだめなんだ，と悲観的になってしまいそうですが，そうではありません．ISO 9001 の QMS モデルの本質から来る限界の裏側には，その「効用」もあります．効用としては，以下の 6 つが挙げられます．

1) 基本動作の徹底：決めて，実行し，これを検証することを確実に行うことにより，しっかり守らなければいけないことを徹底する．
2) QMS の継続的な見直し：不適合や不具合を顕在化して，これに対する是正処置を継続することで QMS を継続的に見直せる．
3) 外圧の活用：外部の人による意見により，強い動機づけができる．
4) QMS の国際モデル：世界に通用する品質保証システムモデルに準拠しており，自信がつき，やりがいにつながる．
5) 責任権限：責任権限の曖昧さから生じる不具合や事故の発生，効率低下を防止する．
6) 文書化：これまで日本の企業，特に中小企業で課題であった，文書による標準化や，伝承しにくかった作業や技能が確実に組織共有のものとなる．

小規模・中小企業の経営者に，「ISO をやって何かよくなりましたか」と聞くと，かなり多くの方から，「PDCA サイクルを回すことがうまくなりました」という声を聞きます．

その中身をよく聞くと，いままでなかなか進まなかった作業や業務の手順の文書化による標準化ができるようになり，この標準に従って実施して，これを内部監査などでチェックして，守っていなければこれを注意して，確実に

実施させること，すなわちSDCAサイクル(「平地の」PDCAサイクル．SはStandardの頭文字であり，計画が標準化されているPDCAサイクルを強調した表現)が回るような体質になってきたということのようです．

できた標準をさらに高いレベルの標準にして，「坂道を登る」PDCAサイクルがまだ十分に回っていないのは残念ではありますが，それでも今までこのことができていなかった会社にとっては天と地の差です．

このようなことが課題となっている組織にとっては，この効用は見逃せないでしょう．これは，前述の「ISO 9001のQMSモデルの効用」の，1)，5)，6)と，2)の一部の効用をうまく活用している例といえましょう．

こんな事例もあります．あるプラスチック再生会社のF社の例です．ご存じの方もいるでしょうが，プラスチック再生工場には，飲料容器に使用されたり，さまざまな工場から出る廃棄プラスチックなどが集まります．中には，汚れたり，異物の詰まったペットボトルもあったりします．工場の構内は，そんな使用済みのプラスチックがいっぱいに置かれています．

このような職場環境の中で，F社ではたくさんの若い社員が汗まみれになって働いています．

社長は，この若い人たちになんとかやりがいをもって仕事をしてもらいたいと思い，そのためにISO 9001のQMSモデルを導入しようと決意しました．

世界に通用する国際規格を，自分たちの努力で認証を取得して自信をもたせ，そしてこれで管理することで管理者としての管理能力を養成する．さらに，毎年の審査を，一つの成果の発表の場として利用する．ざっとこんな着想です．

見事，このねらいは当たり，いまF社は活気あふれる職場となって，事業も順調です．これは，前述の「ISO 9001のQMSモデルの効用」で見ると，3)，4)，5)の効用を，うまく活用している好事例といえましょう．

ISO 9001 を活用して会社をよくする

　さて話は変わります．私は，冒頭の A 社の経営者からの相談に，どのように回答したでしょうか？　答えは次のとおりです．
「社長さん，ISO 9001 を何のために運用するのかを明確にしてください」
　ISO 9001 に基づく QMS の運用目的を，会社のもつ課題に合わせて決めることで，素晴らしい効果につながるのは，F 社の例で明らかでしょう．
　A 社の経営者との会話は続きます．
「でもその目的は，もう，おっしゃっていましたね．目的は，会社の経営が継続することですよね．そのために相談にいらっしゃったわけです．
　ではライバルに勝って，会社の経営が継続するためには，会社のどんな力（競争優位要因）が維持・向上されなければいけないのですか？　その競争力が維持されるためにやらなければならないことはどんなことですか？
　そのことが，貴社の品質マニュアルの中に盛り込まれるようにしましょう．そうすれば，外部審査でも内部監査でも，そこで出てくる指摘が会社の経営に結びついてくるはずです」
　お気づきのように，これは ISO 9001：2015 の箇条 4 で追加になった要求事項に似ています．ただし，ISO 9001 規格では，この目的はそれぞれの組織が決めるようになっていますが，私はこの A 社の経営者に対して，QMS の目的を「事業の継続」と断定しました．
　私は，A 社がそれを目的としていることがわかったからそう言っただけのことで，最終的には組織自身が決めるべきものでしょう．ただ言えるのは，目的を決めなければ，ISO 9001 は無用の長物になってしまう可能性が高いこと，そしてこの目的の決め方で，ISO 9001 の役に立ち方が左右されるということです．
　2015 年度の改訂の意図を大まかに意訳すると，これまで述べてきたような ISO の本質的から来る「限界」を超え，その「効用」を享受できるように，

「QMSの目的を明確にしなさい」といっているように読みとれます．

すなわち，「QMSの意図した結果を達成する組織の能力に影響を与える課題」を明確にして，ここから生まれるリスクと機会に対して，QMS（または関連する事業プロセス）の中で対応するように，と要求しています．

さてここで「QMSの意図した結果」を組織がどのように決めるか，です．この決め方でQMSのレベルとその役に立ち方が左右されます．

 ## QMSの意図した結果（QMSモデルの目的）

G社は，従業員12名（正社員5名）の小規模な町工場です．

前向きな社長は，すでに十数年前にISO 9001の認証を取得しました．しかしながら，認証の維持に毎年かかる費用も工数も馬鹿になりません．スリム化を図って，いまやっていることをISOに一致させればいいのだ，とよく言われているが，それでは意味がないし，よくなっていかない．結局はISOのために，自分を無理やり合わせていると感じました．

そんなことを考えた社長は，2015年版でいう「QMSの意図した結果」（すなわち，ISO 9001のQMSモデルの目的）を，真正面から「自社の事業の継続」を可能にする「競争力の維持・強化」と据えました．

そうすると，G社の競争力を低下させる状況がリスクであり，これを強化するのが機会であり，これを明確にすると自社の外部・内部の課題が具体的に見えてきました．また，このリスクを予防し，機会を実現するための取組みを明確にして，自社の品質マニュアルや品質目標の中に埋め込みました．

こうすることにより，日常の管理にメリハリがつき，内部監査はこのことを重点的に確認し，マネジメントレビューでは，具体的な外部・内部の課題の変化を確認することで，これまでは形骸化していた活動が，俄然活き活きとしてきました．

G社は，この競争力強化のための取組みを，品質目標だけでなく3カ年の中期計画を作り，いま着々と競争力を強化しています．事業も順調です．

さて,『ISO 9001をやれば会社はよくなる』という誤解について,いろいろな会社の例を挙げながら検討してきました.ISO 9001のQMSモデルは,ただ表面的に適用するだけでは,会社(の業績)はよくなりません.これを「誤解」でなく,ISO 9001の本質としての「理解」にするためには,まずは「ISO 9001に準拠した自社のQMSの目的を明確にすること」が必要です.

　そのために具体的にどのように実施するかは,今回の事例をお読みになってもわかるように,組織のもつ課題によって千差万別です.

　ぜひ,あなたの会社の「目的」を明確にし,本章で説明したISO 9001のQMSモデルのもつ「本質と限界」,そして「効用」をよく理解したうえで,業績向上のための「活用の仕方」を工夫してみてください.

誤解 2

ISO 9001 の認証取得（維持）費用は高すぎる

　誤解 1 の『ISO 9001 をやれば会社はよくなる』と関連して，『ISO 9001 の認証取得（維持）費用は高すぎる』という声も少なからず耳にします．ISO 9001 に限らず，何か新しいことを会社の中で始めようとすればそれなりに手間と時間がかかるのは当たり前ですが，それにしてもこのような誤解を抱く方が多いというのは，その手間や時間に見合った効果が得られていない，または理解されていないということだろうと思います．

　本章では，『ISO 9001 の認証取得（維持）費用は高すぎる』という誤解に至ってしまう理由を，ISO 9001 認証取得の効果と費用の 2 つの側面からひも解いていきたいと思います．

　ISO 9001 の認証取得の効果

　まずは，ISO 9001 認証取得の効果について考察します．
　読者の皆さんもご存知のように，ISO 9001 は，
　① 経済社会制度としての ISO 9001 を基準とする QMS 認証制度
　② 品質保証 + α に限定されたある一つの QMS モデル
という特徴を有しています．
　①は，要は自社に ISO 9001 に基づいたきちんとした品質保証体制があるこ

とを，自社が「うちはちゃんとしていますよ」と言うだけでなく，ISO の国際規格の要求事項に適合していることを，評価能力があると認められている第三者認証機関に認めてもらい，その認証をもって他者(自社の顧客や世間・社会，供給者など)に示すことです．

つまり，認証制度であるという①の特徴から得られる効果には，

1) 第三者機関による認証による，ビジネスを行う相手企業の評価を受け取引決定に至る組織のコストの低減
2) ISO 9001 認証取得企業であるということを外部公表にすることによる会社ブランド力への貢献
3) ISO 9001 認証取得という「外圧」を利用して，品質保証体制を構築，推進する際に必要となる，会社内部の従業員に対する旗振り，モチベーション維持

などを挙げることができます．

近年は，ISO 9001 の認証取得の有無を取引や入札の最低条件とすることが多くなっていますが，それは主に 1) の効果によるものです．また，工場の建物に ISO 9001 認証取得という垂れ幕を下げたり，社員の名刺に印字したり，CM で強調したりするのは，2) の効果をねらっているといえます．さらに，同じことであっても，現場の方にとって会社内部の品質管理部門の方から言われるのと，外部の方から言われるのでは反応が違うことを利用して，ISO 9001 の認証取得や維持審査を 3) を目的として積極的に活用する会社もあります．現場近くや(外部のお客様も利用する)会議室の壁に ISO 9001 認定証を飾るのは，2) と 3) の両方のねらいがあるといえるでしょう．

ISO 9001 の QMS モデルの効果

一方で，②の QMS モデルとしての効果としては，

4) 決められたことをきちんと実施する(基本動作の徹底)ことによる，標準の不遵守などによる不具合発生の低減と，再発防止によるコスト削減

5) よいとわかっている手順(ベストプラクティス)が会社内で容易に共有化され,再利用されることによる,業務効率の向上
6) 顧客の要求事項を明確にし,それに適合した製品を提供しているかを常にチェック,レビューする品質保証体系が構築できることによる,顧客ニーズに合致した製品・サービスの安定的かつ確実な提供能力の獲得

などを挙げることができます.

不良発生原因の中には,固有技術不足に起因する場合もありますが,ほとんどは管理技術,すなわち手順や会社の仕組みの不備に起因しています.これらの問題を解決するISO 9001のQMSモデルの効果が4)です.

また,不具合発生という目に見える問題はわかりやすいですが,例えばAさんとBさんが同じ作業をそれぞれ1日と半日で無事に終えた場合(その作業効率は2倍のひらきがあります)のように,不具合は発生していないが多くの無駄が隠されている場合もあります.このような無駄をなくし,業務効率を改善する効果が5)です.さらに,最終的には顧客のニーズや仕様に合った製品ができなければ顧客に売れないわけですので,6)の効果もとても大切になります.

ISO 9001の効果の把握

ISO 9001認証取得の6つの効果を紹介しましたが,4)はある程度は目に見えて評価しやすいですが,その他のほとんどの効果は定量的な評価が難しいかもしれません.

例えば,1)の効果は頭では容易に理解できますが,ISO 9001を認証取得していれば実際にはかからないコスト(機会損失コスト)になりますので,効果測定はそれほど簡単ではありません.2)も同様にその効果を定量的に捉えることは難しいでしょう.とはいっても,やはり目に見える把握しやすい効果のみにとらわれるのではなく,ISO 9001の広く,深い(ただし,把握しにくい)効果にも注目すべきでしょう.

多くの会社の経営者は，ISO 9001 の認証制度の効果 1)と 2)については比較的理解していることが多いように思いますが(または，その効果を主目的に ISO 9001 認証取得の指示を出しているかもしれませんが)，QMS モデルの効果についても十分に理解してもらえるよう，品質管理部門から経営者へのより一層の働きかけも重要だと思います．

ISO 9001 の認証取得の費用

次に，ISO 9001 認証取得の「費用」について考察します．

ISO 9001 認証取得の費用というと，多くの方は初回の ISO 審査・登録費用とその後の維持更新費用をイメージされるでしょう．もちろん，これらも費用に含まれますが，あくまでも，認証制度としての ISO 9001 の効用である1)と2)に必要な費用といえます．多くの方が「ISO 9001 の認証取得(維持)費用は高すぎる」というのは，この部分の費用を指していると思われます．

「ISO 9001 の認証取得(維持)費用は高すぎる」といわれる方に，「では，いくらくらいだったらよい(妥当)ですか？」と聞いても，「うーん，多くても数十万円程度には抑えたいな…」と曖昧な返答が多く，その根拠も明確ではありません．本来は，費用が高いか低いかは，その効果と対比して，「費用対効果：コストパフォーマンス」で考えるべきです．すなわち，認証制度としての ISO 9001 の効果 1)と 2)を測定し，それと上記の費用とを比較して考える必要があります．

ところが上述したように，効果 1)と 2)を定量的に測定することは容易ではありません．逆に，「初回の ISO 審査・登録費用とその後の維持更新費用」は容易に把握可能です．このアンバランスさが，もしかすると多くの方が『ISO 9001 の認証取得(維持)費用は高すぎる』という誤解を抱きやすくしている背景要因ではないか，と危惧しています．

また，極論ですが，認証制度としての効果が ISO 9001 に取り組む目的ではなく，QMS モデルの効果をねらっているのであれば，ISO 9001 の認証取得自

体は不要で，ISO 9001に規定されている要求事項を自己評価項目として，自社内の品質マネジメントシステム，品質保証体制に不備がないかをチェックし，自律的に改善していけばよいでしょう．この場合，当然ながら，「初回のISO審査・登録費用とその後の維持更新費用」はゼロです．

一番よくないのは，どんな効果をねらって ISO 9001 を取ろうとしているかが曖昧なまま，「初回の ISO 審査・登録費用」と「その後の維持更新費用」を払い続けることです．この場合，効果はゼロで費用が一方的に増えていくので，費用対効果も限りなくゼロに近づくことになるでしょう．

ISO 9001 認証取得を契機とする投資

さらに，読者の中にはお気づきの方もいると思いますが，直接審査機関に支払っている審査費用だけでなく，自社内で QMS の基本的な考え方の勉強会・講演会を実施したり，品質保証体制の構築や標準化・改善活動を行うための手間や工数が多くかかっています．これらを含めた費用は膨大になりそうですが，この費用は果たして ISO 9001 認証取得のための費用として考えてよいでしょうか．

確かに，認証制度の効果をねらってであれば，認証書を取るための審査・認証料は費用として考えてよいでしょう．しかしながら，認証制度の効果のみならず QMS モデルの効果をも目的にしているのであれば，そのための活動にかかる手間や工数は ISO 9001 認証取得の費用と考えるよりは，顧客満足を目指した全社的な品質保証体制の構築・推進に必要不可欠な活動そのものに，遅まきながらも取り組んでいると受けとめるべきと思います．

言い換えれば，ISO 9001 の認証取得の有無に関わらず，顧客満足を目指した全社的な品質保証体制の構築推進は，本来は自社で実施すべきことであったがそれ(の一部)を実施しておらず，ISO 9001 の認証取得をきっかけに，それを実施することになっただけなのに，それを ISO 9001 の認証取得の費用と考えるのはお門違いではないか，ということです．これに加えて，ISO 9001 の

認証取得によって，本来やるべきことを実施できていなかったという気づきを与えてもらったという意味で，「費用」というよりは ISO 9001 を契機とした「投資」と考えたほうがよいでしょう．

　投資と考えるのであれば，QMS モデルとしての ISO 9001 の費用対効果を考えるに当たっては，投資の回収という考え方が必要になります．効果としては 4)〜6)を挙げていますが，いずれも ISO 9001 を認証取得すればすぐに効果が表れるものではありません．

　ISO 9001 認証を取るというのは，何らかの IT ソフトフェアの導入や新規の商品開発とは異なり，会社内の品質保証の仕組み，組織基盤を整理し確立することですので，効果については，短期的ではなく少し時間軸を長くとって中長期的な視点で評価する必要があります．かかった費用に対して ISO 9001 の効果を導入直後に性急に現場に求める経営者もいるようですが，費用は「先行投資(教育投資)」と考えて，このような行動は是非とも避けていただきたいものです．

　最後に，少なからずの企業が，ISO 9001 の認証取得を外部コンサルタントに「丸投げ」依頼することがあるようです．依頼すること自体は悪いとは言いませんが，丸投げすることに問題があると考えます．これによって，確かに認証制度の側面での効果の一部は得られるかもしれませんが，QMS モデルの側面の効果のほとんどは得られないでしょう．「仏作って魂入れず」ということわざがあるように，手順書や品質マニュアルという仏があっても，会社の運営の実態(＝魂)が伴っていなければ，何も効果が得られません．つまり丸投げ依頼は，費用対効果でいえば，「最も高くつく」好ましくない手段であると認識すべきでしょう．

誤解 3

ISO 9001 は大企業の製造業向けで，中小・零細企業には無理である

　品質管理や品質マネジメントシステム（QMS）について，中小・零細企業の方々と話をする際，『ISO 9001 は大企業の製造業向けで，われわれ中小・零細企業には無理である』という声をお聞きすることがあります．ISO 9001 の審査・維持にかかる費用面が主な理由なのかな，と思っていたら，さらに話を聞いていくとそればかりではなく，ISO 9001 に基づく QMS に関して，

① 大企業のような"立派な"品質マネジメントシステムを構築しないといけない

② ISO 9001 の QMS は製造業向けであり，他の業種・業態には合わない

という考え方がその背景にあるように思えました．

　本章では，『ISO 9001 は大企業の製造業向けで，中小・零細企業には無理である』という誤解の根底にある考え方は何なのかについて，考察したいと思います．

 大企業のような"立派な"品質マネジメントシステムを構築しなければならない

　まず①の，大企業のような"立派な"品質マネジメントシステムを構築しないといけない，という考え方についてです．

文書化に関する誤解

このような考え方に至ってしまう第一の理由は,「文書化に関する誤解」にあると思います.つまり,

- 漠然と何でもかんでもすべて文書化しなくてはならない.
- 大企業並みに手順書,マニュアルや関連する書類を作成・準備して,チェック体制も二重・三重と手厚くしなければならない.
- そして,そんなことができるのは経営リソースに余裕のある大企業だけであり,中小・零細企業には無理である.

という論理展開です.しかし,果たして本当にそうでしょうか?

本書で後述することになる誤解8の中で詳しく述べますが,ISO 9001における文書化の役割は,「a. 知識の再利用」,「b. コミュニケーション」,「c. 証拠」の3つがあります.簡単に説明しますと,「a. 知識の再利用」は,すでにわかっている最もよい業務のやり方(≒ベストプラクティス)を組織で共有化するために文書化し,文書を媒介として,これから実施する業務で誰もがそのベストプラクティスを活用できるようにする,という意味です.

次に,複数の部門や担当者間で適切にコミュケーションをして業務を実施するためには,作業指示書や帳票などの,伝達内容の媒体としての文書が必要不可欠であり,それが「b. コミュニケーション」です.

そして,役割の最後の「c. 証拠」とは,存在,実施,内容などの証拠として文書が必要となる,という意味です.例えば,QMSの存在の証拠として品質保証体系図や品質マニュアル,実施の証拠としての記録,契約内容の証明としての契約書などがあります.ちなみに,ISO 9001に基づくQMSの第三者認証制度においては,自社がちゃんとやっていることを根拠をもって示すための文書(記録を含む)が必要となります.

ここで重要なのは,文書化のこれら3つの役割に照らして,自社にとって必要かつ十分な文書化はどの程度であるかを見極めることです.一般的には,

中小・零細企業は大企業と比べて従業員は圧倒的に少ないため,「b. コミュニケーション」に関わる文書は少なく抑えられるといってよいでしょう.また,「c. 証拠」については,豊富な製品カテゴリー,複数の事業ドメインをもった大企業では,それぞれの製品カテゴリー,事業ドメインで業務のやり方や仕組みが大きく異なることがありますから,自社がちゃんとやっていることを示すための証拠もそれに応じて増えていきますが,中小・零細企業では数種類程度の製品カテゴリーに必要な証拠で済むでしょう.

一方で,「a. 知識の再利用」に関わる文書はどうでしょうか.ここで必要な文書は,例えば,設計・開発,購買(調達),製造など,その会社が顧客に提供する製品・サービスの品質保証に必要な業務機能(以下,品質保証機能と呼びます)に関する文書を指します.これら品質保証機能は,大企業だから必要,中小企業だから不要というような性質のものではなく,企業サイズの大小によらず,自社がビジネスをしていくうえで必要な品質保証機能はすべてカバーしなければならないことは,当然のことです.中小企業のほうが少なくなるとするなら,それは提供する製品領域が限られることや,品質保証機能が限定されることくらいでしょう.つまり,文書化の「a. 知識の再利用」の役割から見ると,大企業だろうが中小・零細企業だろうが,ある製品系列のある品質保証機能のために必要な文書は変わらないといえます.

一般論的にはこのようにいえるのですが,実際には個々の企業や取り巻くビジネス環境によって,文書化の程度は変わるということも理解しておくべきです.例えば,中小企業は従業員の数が少ないですが,日本人とは文化や価値観,慣習,学校教育の内容やレベルなどが異なる外国人を従業員として雇用する場合には,日本人従業員に比べてより一層丁寧に説明した手順書を準備しなくてはならないでしょうし,日本人従業員相手では想定もしなかったような手順書やマニュアルも必要になることもあるでしょう.この場合,中小・零細企業における「b. コミュニケーション」に関わる文書は逆に増えるかもしれません.

「a. 知識の再利用」に関わる文書も同様のことがいえます.企業サイズには

関係ないと述べましたが，上で示したような各品質保証機能に係る技術や組織の成熟度，能力レベルの違いによって，必要となる文書の数や詳細度が変わりえます．中小・零細企業だからといって，ある特定の品質保証機能に関わる技術，組織の成熟度や実力レベルが大企業に比べて低いとはいえず，むしろ，近年はある特定の業務機能で卓越した能力をもった中小・零細企業の活躍が多く見受けられます．その意味では，ある特定の業務機能では，大企業に比べて充実した文書を有していることがあるかもしれません．

つまり，中小・零細企業であろうとも，必要な業務機能についてはきちんと機能していなくてはならず，そのために必要十分な文書は準備すべきです．ただ，その業務機能を果たすためにどのように運営するかは，個々の企業によって大きく異なります．その運営の仕方を，ISO 9001 規格の要求事項を「変に」拡大解釈し，大企業流のやり方と想定して「適用できない」と考えるのは誤解である，といえるでしょう．

"立派な"マネジメントシステムに対する誤解

第二の理由として，"立派な"マネジメントシステムこそが，唯一正しいマネジメントシステム（以下，MS）である，というような脅迫観念にも似た考えがあるのではないかと推測しています．

このような考え方に至ってしまうのは，そもそも何のために MS があるのかという目的を忘れ，MS を構築すること自体を目的化しているからだと思います．MS を構築する目的をおろそかにしながら，分厚い品質マニュアルを作成したり，お金も手間もかけた生産管理のための見栄えのよい情報システムを導入していることに，どのくらいの意味があるのでしょうか．果たして，これが"立派な"MS といえるのでしょうか？

MS は，経営（事業）目的達成のための「手段」です．経営（事業）目的は，たとえ同じ業種・業態であったとしても，個々の企業によって異なります．目的が異なれば，それを達成する手段も異なる，と考えるのが自然です．そして，

図表2 "立派な"マネジメントシステム(MS)とは何か

```
➢MSの目的
  ➢経営(事業)目的の達成
  ➢MSは経営目的の達成手段
➢QMSの目的
  ➢「品質」に関わる経営目標の達成

➢ "立派か" どうかの判断基準
  ➢判断基準①:「品質」に関わる経営目標を達成できたか
  ➢判断基準②:目的達成をいかに効率的にできたか
    ⇨ 品質マニュアルのページ数や情報システムの
      導入・構築・運用コストには比例しない
```

Qualityに関わるMSがQMSですから,Qualityに関わる経営(事業)目的の達成手段がQMSとなり,各企業によって立派なQMSの様相も大きく異なるといえます.言い換えれば,自社にとって立派なQMSであるかどうかは,自社の経営(事業)目的を効果的,効率的に達成できるような仕組みになっているかどうかである,ということになります(**図表2**).

経営目的達成のためのQMSという観点から見ると,残念ながらISO 9001が提示するQMSは,製品・サービスの品質保証に関わる必要最低限の要求事項を示したQMSのミニマムモデルであり,かつWhat(何をすべきか)を示しているのみでHow(どうやるか)は会社自身が決めるように設計されています.このようなISO 9001の限界と特徴を理解したうえで,経営目的達成のためのQMSを構築するという目的を見失うことなく,ISO 9001を活用していかに経営の組織基盤を整備していくかという思考が,いままさに求められているように思います.

 ISO 9001のQMSは製造業向けであり,他の業種・業態には合わない

次に,②の「ISO 9001のQMSは製造業向けであり,他の業種・業態には合わない」という考え方について検討してみたいと思います.

認証取得済み組織のデータ

まず,事実データを確認してみます.2018年2月19日時点において,日本適合性認定協会(JAB)で認証されている組織は46,000を超えています.

認証組織数が多い上位3位の産業分野は,

1位…建築(8,681組織)

2位…基礎金属,加工金属製品(7,965組織)

3位…電気的および光学的装置(4,535組織)

となっています.

これを見ると,やっぱり製造業中心ではないか,と思われるかもしれません.確かに,ISO 9001は製造業の大企業を中心に活用され始めた規格であることは事実であり,その傾向はいまも変わっていません.一方で,製造業ではない他の産業分野についても見てみると,

- 輸送,倉庫,通信(1,288組織)
- 情報技術(1,426組織)
- その他専門的サービス(1,577組織)
- 医療および社会事業(488組織)

などの実績も存在し,製造業ではない分野においてもISO 9001を活用しているという事実が見受けられます.確かに,全認証組織数に占める割合は高いとはいえませんが,無視できない程度の割合の組織が,ISO 9001に取り組んでいることがわかります.以上から,事実データから見る限り,ISO 9001は製造業だけでなく他の業種・業態でも活用されている,といえそうです.

皆さんもご存知のように,ISO 9001は2015年版が最新版であり,これが通算4度目の改訂になります.1994年版では,Process Controlを「工程管理」と訳したこと,製品の定義にサービスが含まれていなかったことなどによって,製造業向けの規格というイメージが強く感じられました.しかし,2000年版では,サービス業を始めとした多くの業種・業態で使用しやすいように,

ISO 9001 の汎用性を向上させる改訂が行われ，その後のさらなる改訂を通じて，製品の定義の中にサービスが含められ，2015年版では「製品及びサービス」という表記に初めて変更されています．

しかしながら，1994年版の ISO 9001 が主に製造業向けであるように受け止められたこと，および ISO 9001 の発行当初は製造業の大企業中心で ISO 9001 が活用されていたという事実が，今もそのままイメージとして残ってしまい，結果として「ISO 9001 の QMS は製造業向けであり，他の業種・業態には合わない」という考えを広めることになったと思います．

ISO 9001 要求事項の解釈

さらに，上記のイメージ以外にも，ISO 9001 の要求事項の解釈が困難である，またはその解釈が間違っていたりするという理由で，「ISO 9001 の QMS は製造業向けであり，他の業種・業態には合わない」という考えに陥っている場合もあるようです．

ISO 9001 の規格は，組織の大小や業種・業態の種類に関わらず，広く適用できると標榜しているのですが，ある特定の業種・業態に適用する際に ISO 9001 の要求事項，とりわけ，製品実現プロセスに関わる2015年版でいう箇条8の「運用：Operation」の部分についてどのように解釈するのかよくわからず，多少の混乱を引き起こしているように見受けられます．

例えば，製造業以外の例として，上記で挙げた「輸送サービス」について考えてみると，要求事項の意味を次のように捉えることができると思います．

箇条 8.2　製品及びサービスに関する要求事項の明確化
→顧客企業が製造した製品を，ある工場から消費地域に，必要な量を安全かつ迅速に届けたい，総輸送コストを○○以下にしたいという顧客要求事項を明らかにし，正式に受注するという業務になるでしょう．

箇条 8.3　製品及びサービスの設計・開発
→複数の配送元と配送先，そして配送手段(陸送，空送など)を考慮して，顧客の要求事項に沿った最適な配送ルートを設計したり，そのための配送計画を立案することになるでしょう．

箇条 8.4　外部から提供されるプロセス，製品及びサービスの計画
→配送手段としてのトラックなどの購買，また時には，自社の配送能力を超えた要求がある場合には外部の組織に配送を委託することもあるでしょう．

箇条 8.5　製造及びサービス提供
→まさに配送サービスそのものであり，配送する荷物を積載し，箇条 8.3 で決めた配送ルートと配送計画に沿って適切に配送が行われるように管理しなければなりません．

箇条 8.6　製品及びサービスの引き渡し
→配送先での荷下ろし後に顧客立ち合いの下で行われる確認作業(顧客にとっては受入検査に相当することもあります)になるでしょう．また，輸送した荷物の損傷・劣化などの事態を招かないように，箇条 8.3 および 8.5 で定めたプロセスや方法が，妥当なものになっているかどうかを事前に確認しておく必要もあるでしょう．

箇条 8.7　不適合なアウトプットの管理
→代表的な不適合でいえば，時間どおりに届かない，輸送したものが壊れている，配送すべきものや量を間違えるなどを挙げることができるでしょう．この場合には，顧客に迅速に通知し，再配送などの適切な処置の実施が必要となります．

なお，上記の各箇条の中では，箇条 8.3「製品及びサービスの設計・開発」の捉え方がキーポイントとなるでしょう．例えば，

- レストランでは，食事メニュー開発や店舗のデザイン，顧客が来店してから退出するまでの対応プロセスなどを決めることが相当します．
- 情報技術分野のソフトフェア開発では，顧客から提示される要求仕様を実

現するためにどのようなソフトフェアが必要かを設計し，それを開発する業務が当てはまります．
- 医療サービス分野でも，個々の患者の状態に合った診療・治療計画を立て，いかにそれらを安全かつ確実に実施するかの提供プロセスをも決定することが設計・開発となるでしょう．

言い換えれば，自社が提供している製品およびサービスをどのように捉えているかが，ISO 9001 規格を適用できるかできないかの判断に大きく依存していると思います．製造業以外の産業分野で ISO 9001 が適用できないと思ってしまう主な原因の一つは，自社の提供製品が何であるかを十分に認識できていないからではないでしょうか．

有形の製品であれば改めて考えるまでもなく明確なのですが，無形サービスになると当然ながら目には見えず，意識することも少ないでしょう．ちなみに，品質の「品」は品格の「品（ひん）」であって，決して「品（しな）」を意味しているわけではないのですが，品質管理は有形の製品のみを対象としていると誤解している方が多数いるようです．

提供する製品が明確に認識できなければ，その製品の品質保証を目的とする ISO 9001 は自社には使えない＝無理である，という誤解に，安直につながってしまいます．

ISO 9001 の QMS モデル

ちなみに，ISO 9001 は，あらゆるタイプの製品・サービスの提供のために，バリューチェーンを次の①〜⑤の機能からなると捉え，モデル化している QMS 規格なのです．

① 要求内容の確定，商品企画
　⇒どのような要求を満たす製品・サービスであるか
② 設計・開発
　⇒要求を満たす手段の指定．要求を満たすために，製品・サービスはどの

ようなものでなければならないか
　③　製造・サービス提供
　　⇒設計・開発で指定したとおりの製品・サービスの実現
　④　調達
　　⇒外部からの，必要な製品・サービス，プロセスの獲得
　⑤　提供
　　⇒顧客への製品・サービスの引き渡し，使用・運用の支援

　そもそも，「このように解釈できるので ISO 9001 が使えそうだ」と考えるのではなく，「そのように使うべくモデル化しているのが ISO 9001 規格である」と，より積極的に理解したほうがよいでしょう．たとえ，製造業で使っている用語が多く馴染みにくいということがあるにしても，もっと物事の本質を一般化・抽象化してみなければ，こうした一般的な規格を賢く適用することはできないのではないでしょうか．

誤解 4

マネジメントシステムはすでにあるのだから ISO マネジメントシステムは必要ない，ISO マネジメントシステムは構築できない

本章では，「あらゆる組織にはその組織に固有のマネジメントシステムがすでに構築され運用されているのだから，ISO 9001 のためのマネジメントシステムなんて必要ないし，自らの組織のマネジメントシステムと重複して ISO 9001 のマネジメントシステムを構築することなどできない」という誤解について検討します．

 はじめに

ISO 9001：2015 の序文に，組織が ISO 9001 に基づいて品質マネジメントシステム(QMS)を実施することで，以下の a) ～ d)の便益を得る可能性がある，と記述されています．

0.1 一般
a) 顧客要求事項及び適用される法令・規制要求事項を満たした製品及びサービスを一貫して提供できる．
b) 顧客満足を向上させる機会を増やす．
c) 組織の状況及び目標に関連したリスク及び機会に取り組む．
d) 規定された品質マネジメントシステム要求事項への適合を実証できる．

ISO 9001 に基づく QMS の構築・運用によって，認証の取得だけでなく，顧客満足の向上や組織の目的・目標の達成に寄与することができると規格は述べています．規格の意図は認証取得そのものではなく，顧客満足や組織目的・目標の達成への寄与にあるにもかかわらず，導入する組織の側には，本来の意図を理解せずに ISO 9001 を運用しているという現実があります．その背景には，「どこの会社にも QMS は存在している．いまさら ISO など必要ない」，「すでにマネジメントシステムは存在しているのだから，ISO に基づくマネジメントシステムの構築などできない」といった誤解があるようです．

このような「誤解」はどんな背景から生まれるのか，誤解を解消するにはどのように理解すべきかについて考えたいと思います．

マネジメントシステムはすでにあるのだから ISO マネジメントシステムは必要ない

マネジメントシステムとは何か

まず『マネジメントシステムはすでにあるのだから ISO マネジメントシステムは必要ない』という主張自体は誤解でも何でもなく，正しいものです．ただし，そう主張する根拠によっては誤解といわざるを得ないケースもあります．

ISO マネジメントシステムとは，文字どおり ISO 9001 をベースにした QMS であり，その目的は「品質保証 + α」です．われわれ日本人が理解するような，顧客満足，顧客の感動を生み出す製品・サービスを作り出すために，マーケティング，研究・開発を基盤に，企画から設計，購買，製造，販売まで全組織的にトータルで取り組む TQM（総合的品質管理）と比べれば，その目的や活動範囲は限定的です．必要最低限の QMS であって，組織が構築すべき QMS の基盤となるようなマネジメントシステムといえるでしょう．

例えば，ISO 9001 でいう顧客満足は，声に出すまでもなく当たり前に満た

すべき品質要求や，顧客と契約した要求事項を（大きく超えるのではなくぎりぎりで）確実に満たすことに焦点を置いています．また，研究・開発やマーケティング活動はISO 9001の要求事項には含まれていません．さらに，管理の基本は基本動作の徹底であるという考え方が背景にあり，計画や目標そのものの妥当性よりも計画どおりに実施することを重視しているなど，QMSのモデルとしては限定的です．

「品質マネジメントシステム（QMS）」とは，本来，Quality（品質）に関わるマネジメントシステム，すなわち経営目的・目標のうち品質に関わる目標・方針を達成するための仕組みだといえます．

組織は設立から今日まで，売上と利益を追求して全員の力を結集して事業を推進してきています．組織は，顧客に製品およびサービスを提供し，収益をあげることで成長してきていますが，組織はそのやり方を定例化し，毎年少しずつ改善することで，今日のやり方を得ています．そのやり方はマネジメントシステムと呼べるものであり，すべての組織にはマネジメントシステムが存在しているといってよいでしょう．同様に，顧客の要求に合致した製品・サービスを提供する活動もそこに含まれているため，QMSは何らかの形で組織のマネジメントシステムの中に包含されている，つまりすでに存在していると考えてよいでしょう．

組織のマネジメントシステムへのISO 9001のQMSの組み込み

以上のことを理解したうえで，ISO 9001のQMSを自社に導入するということを考えると，「自社のQMSにISO 9001ベースのQMSを組み込む」ことといえます．これが「必要ない」と判断されたということは次のいずれかになるでしょう．

① 自社のQMSがISO 9001のQMSレベルを超えている場合

言い換えれば自社のQMS内にすでにISO 9001のQMSモデルで要求されている内容，側面がすべて包含されている場合です．顧客からISO 9001

の認証書が必要であるとの直接的な要望がない限り，ISO 9001 の導入は必要ないでしょう．

② ISO 9001 の QMS で要求されていることが自社に合わない場合

ISO 9001 の QMS モデルは一つのツールであり，最終的に実現したいことは経営目標達成や改善です．自社の経営目標の達成や改善ツールは ISO 9001 以外にも世の中に多く存在するため，それぞれのツールを自社に導入する際のメリット・デメリットを検討した結果として，ISO 9001 というツールを導入しないと決める場合もあるでしょう．

逆に，「必要がある」と判断される場合としては，

- ISO 9001 で注目されている基本動作の徹底や計画どおりの実施に問題(不具合が発生している)があるとき
- ISO 9001 の各要求事項で示された QMS 要素に照らして，自社の QMS 活動に抜け・漏れがあるとき
- 問題が起こったらその場での対応のみ(もぐら叩き)を行っており，再発防止などの改善活動が十分でないとき

などがあるでしょう．

組織が「すでにあるマネジメントシステム」に ISO 9001 に基づくマネジメントシステム(ISO 9001 の QMS)を導入するかどうかは，当然ながら組織の判断によります．QMS は組織に必須なものですが，そのシステムは必ずしも ISO 9001 に基づくものでなくてもかまいません．ISO 9001：2015 の序文に，「品質マネジメントシステムの採用は，パフォーマンス全体を改善し，持続可能な発展への取組みのための安定した基盤を提供するのに役立ち得る，組織の戦略上の決定である」という一文があります．その冒頭の「品質マネジメントシステムの採用」という表現には，ISO 9001 を採用するかしないかは組織が決めることである，というニュアンスが含まれています．

冒頭で示したように，「マネジメントシステムはすでにあるのだから ISO マネジメントシステムは必要ない」という主張自体は誤解でも何でもありませんが，そのように主張した根拠のいかんによっては誤解になり得ます．そして

「必要ない」と判断したその根拠とは，上記の①か②のいずれかであると考えられます．そのような判断を適切に行うためには，自社のマネジメントシステム，QMS，そしてISO 9001ベースのQMSの特徴やその違いをきちんと理解しなければなりません．これらの理解不足から「ISO 9001は必要ない」という間違った判断をしないようにしたいものです．

そのためには，まずはISO 9001規格を読んでみることをお勧めします．そのときの留意点を一つ申し添えるならば，「ISO 9001はいろいろな産業界の知見を集約して，この社会に存在する組織が構築すべきQMSの最低限のモデルを一般的に記述したものであり，規格要求事項に適合するための具体的適用は組織が決めるものである」ということです．

  マネジメントシステムはすでにあるのだからISOマネジメントシステムは構築できない

2つ目の誤解『マネジメントシステムはすでにあるのだからISOマネジメントシステムは構築できない』は，はっきり誤解であるといえます．1つ目の『…ISOマネジメントシステムは必要ない』は組織の判断によると申し上げましたが，この2つ目の主張は，規格を正しく理解したものとはいえません．

 いままでの文書に加えてISO文書が要求される

『マネジメントシステムはすでにあるのだからISOマネジメントシステムは構築できない』という誤解の背景にあるのは，ISO導入による文書化への批判です．

多くの組織のISO 9001認証活動は，「組織の能力を上げる仕組みの整備」ではなく，「ISO要求事項に適合していることを顧客に見せるための仕組みづくり」としてスタートしています．そのため，ISOマネジメントシステムの構築とは大量の「見せるためのISO文書」を作成することである，という誤解が出てきました．ISO文書の多くは，実際の仕事では使用しないものである，し

かし認証のためにはそれでよい，というような，架空の「システム構築」の誤解が存在し，もしかしたら2015年版の発行以降も解消されていないかもしれません．

　すでにあるマネジメントシステム規定文書でさえ維持管理することは大変なのに，もう一つのマネジメントシステム規定文書を構築するなど，担当者には考えられないことでしょう．だから『…構築できない』という誤解が生まれ，それでも実施するのだという組織決定に対しては，真正面から取り組むことなく形ばかりのシステム文書再構築という，誤ったところへ誘導されていったのでしょう．さらに進んで，これらISO文書の管理も外注化する(ISO文書管理会社へ丸投げ)といった究極の空洞化につながっていくのでしょう．

　誤解8で詳しく述べますが，元来「文書化」は，マネジメントシステム構築の重要な柱です．ISO 9001：2008の「4.1一般要求事項」では，「組織は，この規格の要求事項に従って，品質マネジメントシステムを確立し，文書化し，実施し，維持しなければならない」ことを要求していました．2015年版で「文書化し」の字句は消えましたが，「文書化した情報」(情報はいろいろな形で保存される)という新しい概念の文書を要求しているという点において，従来からの考えを踏襲しています．組織がマネジメントシステムを実施，維持，そして改善するためには，どのような形であれ，マネジメントシステムを見える化することが必要です．

　文書類はマネジメントシステムを標準化した「守るべきルール」であり，ルールに規定されたことを人々が実践してはじめて，組織能力を発揮することができます．

　もちろん文書に書かれたシステムがどれほど整然としていても，それが現実の仕事につながらなければ，どんなに大量の文書を作成しても成果につながらないことはいうまでもないことです．

「すでにあるマネジメントシステム」を改善できない

2015年版では「組織の事業プロセスへの品質マネジメントシステム要求事項の統合」が要求されています．この「統合」という要求事項に対し，「すでにあるマネジメントシステム」の自由度を奪い，「マネジメントシステムの改善を閉ざしてしまう」という誤解があるようです．「自分たちのマネジメントシステムの改善を阻むようなISO 9001は構築できない」との考え方は大きな間違いです．その背景を探っていくと，ISO 9001には絶対に実施しなければならない要求事項があり，それらを「すでにあるマネジメントシステム」に入れ込むと，自分たちのマネジメントシステムがISO要求事項によって身動きが取れなくなる，という思い込みがあるようです．

ISO 9001は具体的な方法を要求しているわけではありません．そこに書かれた「〜しなければならない」という表現に惑わされ，その要求事項にそこまで要求されていないような限定的な方法で対応しようとすることは間違った対応です．組織がその経営管理活動において考慮すべきは自分たちのマネジメントシステムの目的と，その目的を達成するためのマネジメントシステム要素の関係です．長年かけて構築してきて現在の経営を支えている体系は，現実に動いているマネジメントシステムで自分たちの活動の基盤です．マネジメントシステムについて検討するとき，まずは自分たちのマネジメントシステムの全貌を理解し，それをベースとしてISO 9001の要求事項に応えるために，自分たちのマネジメントシステムにどのような改善を施せばよいかを考察すべきです．決してISO 9001の世界の常識とされる特有の流儀に合わせた適用が優先されるわけではありません．ISO 9001は，自分たちのマネジメントシステムの改善へのヒント，糸口として活用していく，という考えに立たなければなりません．

マネジメントシステムは，「組織が目的を達成するために必要な活動，プロセスなどを標準化して規定化したいろいろな要素の集まり」ですが，よりよい

成果を達成し続けるためには，継続してマネジメントシステムを改善していく必要があります．

「ある人が仕事をしている」ということは，そこに「既存の仕事の手順が存在している」ので，手順の改善はできない，と言ったとするならば，ずいぶん変な話をしていると思われるでしょう．それと同様に，「組織にはすでにマネジメントシステムがある．したがって，その修正や改善はできない」という考え方は誤りです．

すでにあるマネジメントシステムはしっかりしている

『マネジメントシステムはすでにあるのだから ISO マネジメントシステムは構築できない』という主張には，自分たちのマネジメントシステムが品質マネジメントの面から見てもしっかりしている，という誤解があるようにも感じます．

図表 3 に，組織のマネジメントの構成要素を階層構造としてとらえた例を示します．これらの輻輳した業務がどのように体系的に「しっかり」と行われているか，ざっと見直してみてください．

組織の業務がどのような要素から構成され，どのように実施されているかを理解する方法はいろいろあります．例えば，図表 3 のように捉えたとして，これらの業務において製品・サービスの品質はどのように管理されているのでしょうか．「すでにマネジメントシステムがある」と思っているとしても，肝心の QMS はきちんと構築されているのでしょうか．もし，b) の品質マネジメントの中にマネジメントシステムがあるといえるのなら，その QMS は他の階層 a)，c) ～ e) とどのようにつながっているのでしょうか．多くの場合，いろいろな要素が階層 a)，c) ～ e) の間でうまく連携できていないことに気づくことでしょう．そのような場合には，ISO 9001 に基づく QMS を構築することは価値のあることです．

誤解 4　すでにあるから ISO マネジメントシステムは必要ない・構築できない　35

図表 3　組織のマネジメント構成要素の例

階層	主な内容	特徴・留意点など
a) 経営 （トップ マネジメント）	・事業経営計画立案 ・事業予算の確定～執行 ・組織体制構築 ・人事の計画と執行 ・ガバナンスの確立 など	・中小組織の場合，暗黙のルールに基づく運営が多い． ・ガバナンス関連は○○規定として文書化されているが，実態とは乖離していることがあるので注意が必要．
b) 分野別業務	・品質マネジメント，安全マネジメント，環境マネジメント，遵法マネジメントなど ・実際の業務は，下記の c)～d) の中に混在している．	・品質マネジメントについては，「○○製品品質保証体系」，「○○工場品質管理規程」などに規定されている場合が多い． ・事故対応や再発防止などで，品質と安全で考え方に違いがあるなどの「不整合」が存在することがあるので注意が必要．
c) 部署・ 事業所別業務	・部署／事業所の目標を達成するために，a) 経営分野の業務と b) 分野別の業務を実施する．同時にそれに伴うリスク管理を行う．	・管理監督者の力量により PDCA に格差が出る． ・b) で定められた規程類とは別に独自のルール（「うちのやり方」）が存在することも多い．
d) 個別業務	・個別の手順・資源を使用して，業務を行う．	組織によっては以下の弱さがある． ・暗黙知としての「個人技」，「体得したもの」によって業務が推進されている． ・監視測定がされておらず，異常が発生した場合のみ問題が表面化する． ・改善の活動は外圧があった場合のみ実施される．
e) 個々人の 業務	・各人に割り当てられた仕事	・上記の c)～d) を通じて業務が行われる． ・担当する分野の PDCA を自分で回せる人は「熟達した職業人」と見なせる．熟達した職業人は，見通しをもった計画，確実な段取り，目配りと変化への迅速，柔軟な対応，失敗から学び次に生かすことで同じ失敗を繰り返さない．しかしそのような人は多くはいない．

品質マネジメントシステムは組織の中にすでにある

組織によっては,「品質にきわめて敏感で多くの部署で製品のチェックを実施している」,「品質クレームが出たらその都度徹底的に処置をとりお客様には迷惑をかけない」など,製品およびサービスの品質について日常多くの活動を行っていることを理由に,「QMSがある」と誤解しているケースをときどき見かけます.品質に関するマネジメントを日常行っていることだけで,組織にQMSが存在しているとは必ずしもいえません.

ISO 9000：2015「品質マネジメントシステム−基本及び用語」では,「マネジメントシステム」を以下のように定義しています.

3.5.3 マネジメントシステム
　方針及び目標,並びにその目標を達成するためのプロセスを確立するための,相互に関連する又は相互に作用する,組織の一連の要素

この視点で図表3のa)〜e)を見ると,いくつかの懸念を抱くに違いありません.以下は,ISO 9001：2015に基づいてチェックした一例です.

① a)の「事業経営計画」を作らない組織はないでしょうが,その中にb)「品質マネジメント」は「組織を取り巻く内外の状況や利害関係者のニーズ」を踏まえて具体化されているでしょうか.事業経営計画(中長期・短期)を策定する際に,「何をどれだけ売るか」について計画しない組織はありませんが,それを支える品質上の課題,変化する状況など明確化して,計画に織り込んでいる組織は多くないでしょう.

② b)の「分野別業務」の「品質マネジメント」は,各々の組織の歴史的経過の中で行われているものです.「組織を取り巻く内外の状況や利害関係者のニーズ」の変化の中で,組織は対処すべき新たな課題に直面しているはずです.例えば,多くの組織でプロセスの担い手の変化(ベテラン層の退職に伴う経験年数の低下や,外部化)が進んでいますが,それに伴う品

質管理の仕組みの見直しや教育訓練が適切に実施されているでしょうか．

③ c)の「部署・事業所別の業務」も「状況の変化」にさらされています．例えば，労働安全衛生，環境配慮，個人情報保護などは，業務遂行の前提として部署・事業所が対処すべき社会的責任に関わる課題として重要度は高いものです．一方で，長時間労働の規制により，その課題を限られた時間で処理しなければなりません．そのような背景から，業務の外注化が進んでいますが，プロセスの担い手の外部化が進行することで，品質管理について協力関係のあり方が問われています．日々の仕事が問題なく当たり前に行われるようになるには，製品・サービスの品質管理の課題への対応の見直しが必要です．

④ d)「個別の業務」およびe)「個々人の業務」の改善についてです．組織における品質管理に関する上記のような変化に対応するためには，一人ひとりの参画が重要になります．状況の変化と新たなリスクに対応した業務手順の見直しは，プロセスを担うメンバーの自主的な参加で進めることが不可欠です．d)「個別の業務」およびe)「個々人の業務」の品質改善を推進するうえで必須なことです．

各部署・事業所の管理監督者には，従来の品質マネジメントを見直して，新たな課題に対応するQMSの実現が求められています．参画を推進するためには，状況と課題を見える化し，共有化することが必要不可欠です．プロセスの担い手が変化していることを踏まえて，自分たちが責任を負うプロセスがどのようなものであるかを再度明確にします．直面しているリスク課題とそれを達成するために一人ひとりにどのような役割が期待されているのかを共有化し，各人がその役割を果たせるようサポートすることが，部署・事業所の管理監督者に求められています．

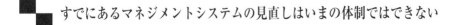

すでにあるマネジメントシステムの見直しはいまの体制ではできない

組織によっては「すでにあるマネジメントシステム」の見直しの必要性は感

じているが，人材，時間，その他資源がなく，見直しの実施に踏み切れないという悩みを抱えているところもあるようです．

　ISO 9001：2015 は，従来は序文で考え方を示していた事項のいくつかを要求事項にしました．例えば，箇条 4.1 に「組織の目的及び戦略的な方向性に関連し，かつ，その品質マネジメントシステムの意図した結果を達成する組織の能力に影響を与える，外部及び内部の課題を明確にする」という要求があります．

　この要求は，組織がいま置かれている状況をありのままに見つめなさい，ということです．この検討をすることはそんなに大変なことでしょうか．そんなことはありません．経営層であれば必ず考えていることです．また，「リスク及び機会」という概念が持ち込まれました．これも経営層は日頃から自社のリスクについていろいろと思いを巡らせているはずです．そうでなければ経営者は務まりません．

　そうです，マネジメントシステムの見直しが大変であると感じる最大の理由は，QMS の構築に経営層が参画していないからなのです．経営環境がこれだけ変化する状況の中で，組織の事業経営戦略を支える QMS を見直すことは，経営層にとって重要な課題です．一定の年月，製品・サービスを提供し続けている組織であれば，ISO 9001 が要求する「～しなければならない」ことはほとんど何らかの形で存在しているでしょう．問題は，「～しなければならない」ことが現実の組織の状況に合った形で推進されているかどうかです．

　認証だけを目的に ISO 9001 の QMS を構築している組織においては，「すでにあるマネジメントシステムの見直しする」ことは時間がかかる面倒な作業かもしれません．それは二重の仕組みを対象に作業を進めなければならなくなるからです．

　大切なことは，「審査に合格すること」ではなく，「事業経営を適正に推進させるために，QMS を構築する」ことです．既存のマネジメントシステムは，組織の歴史の中で形成され，各種の規程や手順書として文書化（見える化）されたものです．それは，文書化された時点で完成したとはいえず，変化の中で見

直され継続的に改善されていくべきものです．

　経営層をはじめ組織の管理監督者が以上のことに思い至れば，すでにあるマネジメントシステムの見直しは現在の体制でできるはずです．

すでにあるマネジメントシステムとモノサシが異なる

　モノサシと聞くといろいろと想像できますが，ISO 9001 は監視測定のためのモノサシに言及しています．箇条9には次のような規定があります．

9.1　監視，測定，分析及び評価

9.1.1　一般

　組織は，次の事項を決定しなければならない．

a)　監視及び測定が必要な対象

b)　妥当な結果を確実にするために必要な，監視，測定，分析及び評価の方法

c)　監視及び測定の実施時期

d)　監視及び測定の結果の，分析及び評価の時期

　組織は，品質マネジメントシステムのパフォーマンス及び有効性を評価しなければならない．

　組織は，この結果の証拠として，適切な文書化した情報を保持しなければならない．

　この「モノサシ」について後半に記述されている「品質マネジメントシステムのパフォーマンス及び有効性」を評価するための指標のことであると誤解されているのではないでしょうか．ISO 9001：2015 は QMS 要素の適合性だけでなくパフォーマンスの向上を強く意識して改訂されました．パフォーマンスとは，ISO 9000：2015「品質マネジメントシステム−基本及び用語」で「測定可能な結果」と定義されているように，QMS を運用した結果の成果を意味します．ここでいう QMS のパフォーマンスには，製品およびサービスの要求

事項への適合，顧客の期待が満たされている程度に関する顧客の受け止め方である顧客満足，中間プロセスのアウトプットの適合，マネジメントレビューおよび内部監査での指摘事項など，さまざまなものが含まれます．このことに関しての具体的な要求が，この箇条のb)に「妥当な結果を確実にするために必要な監視，測定，分析及び評価の方法」として規定されています．ここでいう「必要な監視，測定，分析及び評価の方法」がISO 9001のモノサシであると理解すべきです．

　現在のマネジメントシステムにおいて，歩留まり，収量，手戻りなどで表現される生産性向上は，どこの組織でも取り組んでいるはずです．歩留まり，収量，手戻りなどの生産性を測るにはモノサシが必要です．組織によってどう表現するかは異なりますが，一般に直行率，修理時間，クレーム数，苦情数などがモノサシとして使われます．組織はいろいろなモノサシを用いて，組織の品質や生産性の状態を把握しています．ISO 9001のマネジメントシステムでもまったく同じです．これらと同じモノサシでISO 9001が要求する結果を測ればいいのです．組織が使っているモノサシとは異なった固有の指標で組織のパフォーマンスを評価することをISO 9001が要求していると考えるのは，大きな誤解です．

　重要なことは，「a)監視及び測定が必要な対象」を明確にすることにあります．組織の活動のすべてを測ることはできません．パフォーマンスおよび有効性を効果的に測定するのに，組織活動のどこを測定すればよいのかは，思いつきでなく論理的に決められるべきです．その組織活動には，製品・サービスの実現化プロセス，製品の出荷検査，サービスの顧客意見などが候補に挙がると思いますが，それらの活動によって得られる品質レベル，顧客の期待を端的に表しているものを測定の対象にしなければなりません．

　QMSがまだ十分に「見える化」されていない組織では，ISO 9001の要求事項の中からモノサシを選択して，「いまあるマネジメントの仕組み」を測ることで，システムの脆弱性などの改善課題を明らかにし，事業経営に役立つQMSを構築することができます．

誤解 4　すでにあるから ISO マネジメントシステムは必要ない・構築できない　41

　よりよい仕事をするためには，手順の見直しや改善が不可欠であるように，事業経営の改善のためには，マネジメントシステムの不断の見直しが必要です．組織にすでに存在しているマネジメントシステムは，状況の変化の中で有効に機能できているか，新たに対応すべき課題，要素やそのつながりの補足，補強などの改善課題は存在していないか，それらについて点検し，必要な改善を実施することが「マネジメントシステムの構築」に他なりません．

　ISO 9001 は，組織が構築・運用・改善していくべき QMS の基盤となる国際モデルという意味での優れたツールとして，すでに独自の QMS が存在している組織においても活用されるべきものではないでしょうか．

誤解 5

ISO 9001 認証の取得・維持に手間がかかりすぎて，本業がおろそかになってしまう

 はじめに

　本章では，『ISO 9001 の QMS 認証の取得・維持に手間がかかりすぎて，本業がおろそかになってしまう』という誤解を取り上げます．

　この誤解を読んで「そうだよな」とわが意を得たりとお思いでしょうか．それとも「ISO 認証の意味や意義をよく考えてみたらどう？」と半ばあきれるでしょうか．間違った認識が満載です．

① まず，ISO 9001 認証の取得・維持と本業とを別物として扱っています．
② それは ISO 9001 の意図をはき違えているからです．
③ また，ISO 9001 認証の取得・維持についても誤った理解をしています．
④ さらに，手間がかかることを否定的に捉えています．
⑤ 最後に，自分たちの本業を理解しているとは思えません．

　それでは，これらの誤った認識の一つひとつを分析し，本来あるべき考え方を確認していきたいと思います．

ISO 9001 認証の取得・維持と本業とを別物として扱っている

ISO 9001 認証の取得・維持と本業の両者は，経営における品質という観点からは，本質的には同じことを目指しています．それにもかかわらず，表面的には，ISO 9001 認証・維持と本業とは異なった行為に見えてしまうという方が少なくありません．

しかし，両者の行為の対象，目的を考えていくと，まったく同じところに集約されていきます．それは，顧客への製品・サービスの質向上を限りなく追求していくという点です．それを別物と考えては，両者はスタートから異なった道を歩むことになり，分岐した道は離れていくばかりで，最終的にはまったく違うところに到達してしまいます．

ここで ISO 9001 の序文と箇条 4.1，6.1.1 の一部を抜粋し，その内容を確認しておきます．

序文

0.1　一般

　品質マネジメントシステムの採用は，パフォーマンス全体を改善し，持続可能な発展への取組みのための安定した基盤を提供するのに役立ち得る，組織の戦略上の決定である．

4.1　組織及びその状況の理解

　組織は，組織の目的及び戦略的な方向性に関連し，かつ，その品質マネジメントシステムの意図した結果を達成する組織の能力に影響を与える，外部及び内部の課題を明確にしなければならない．

6.1　リスク及び機会への取組み

6.1.1　品質マネジメントシステムの計画を策定するとき，組織は，4.1 に規

定する課題及び 4.2 に規定する要求事項を考慮し，次の事項のために取り組む必要があるリスク及び機会を決定しなければならない．

序文と箇条 4.1, 6.1.1 からわかるように，ISO 9001 は組織のパフォーマンス，目的，戦略，能力などについて言及しています．ISO 9001 は組織の本業そのものについていろいろな観点から各種の規定をしているのです．

次に，ISO 9001 の適用範囲を確認しておきます．

1　適用範囲
　この規格は，次の場合の品質マネジメントシステムに関する要求事項について規定する．
　a)　組織が，顧客要求事項及び適用される法令・規制要求事項を満たした製品及びサービスを一貫して提供する能力をもつことを実証する必要がある場合．
　b)　組織が，品質マネジメントシステムの改善のプロセスを含むシステムの効果的な適用，並びに顧客要求事項及び適用される法令・規制要求事項への適合の保証を通して，顧客満足の向上を目指す場合．

要するに，ISO 9001 の目的は以下の 2 つということです．
a)　組織が品質を管理する能力をもっていることを実証する
b)　顧客満足の向上を目指す

箇条 1 からわかるように，ISO 9001 は，本業である品質保証活動を有効に行うための規格です．誤解にある「認証」という用語はどこにも出てきませんが，「本業がおろそかになる」どころか，その反対の「本業に勤しむ」ことが求められることは，規格の箇条から十分に納得していただけると思います．

ISO 9001 は，本業そのものに関していろいろな観点からの要求を規定しているのだということを，また顧客満足を実現するための，優れた，かつ有用なツールであることを，トップから担当者に至るまでが理解することが誤解を解消する第一歩です．

ISO 9001 の意図をはき違えている

　何事も目的志向に基づいて実施することが大切なのは，いうまでもありません．ISO 9001 の序文には次のように書かれています．

序文（一部抜粋）

　この規格は，次の事項の必要性を示すことを意図したものではない．
　－様々な品質マネジメントシステムの構造を画一化する．
　－文書類をこの規格の箇条の構造と一致させる．
　－この規格の特定の用語を組織内で使用する．

　品質マニュアルは 2015 年版では要求されていませんが，組織の「QMS を説明する文書」が，規格要求事項そのままのオウム返しに書かれているケースが多くあります．まず，QMS を説明する文書の活用について考えてみましょう．次に示す 3 つの活用が考えられます．
　① 社員が QMS に関する役割，責任を認識するため
　② 顧客が組織の品質保証体制を評価するため
　③ 第二者監査，第三者審査で活用するため
　以上の目的のためには，組織の文書は QMS の構造および活動状況を容易かつ理解しやすいように記述する必要があります．次に示す 2 つの方法を採用するとよいでしょう．
　・組織の事業運営に沿った構造にする(ISO 9001 の箇条構成にしない)．
　・組織で使用している用語で記述する．
　以上のことを前提に QMS を説明する文書の記述の仕方を考えると，次に示す 2 つの方法があります．
　・QMS の基本的な仕組みを記載する．詳細は関連規程で明確にする．
　・(小規模企業の場合)QMS の仕組みを詳細に記載する．
　文書の構造は ISO 9001 構造にとらわれず，経営分野のプロセス，製品実現

分野のプロセス，支援分野のプロセスごとに組織運営機能に着目して記述します．このような方法で記述すれば，ISO 9001 の改訂ごとに組織文書を改訂する手間は大幅に減少するでしょう．

例えば，「QMS を説明する文書」は**図表4**のような構造にします．

図表4　QMS を説明する文書の構造の例

1．組織概要
- 経営理念，戦略，経営課題など

2．提供している製品・サービス

3．品質保証体系

4．QMS の運営管理の目的

5．QMS の適用範囲
- 組織図，部門の役割・責任・権限，製品など

6．QMS を構成するプロセスの活動の概要

経営分野のプロセス，製品実現分野のプロセス，支援分野のプロセスの3分野に分けてそれぞれのプロセスの活動および相互関係の概要を書く．

- 経営分野
  - 方針展開プロセス，内部監査プロセス，改善活動管理(QC サークル活動，提案活動)プロセスなど
- 製品実現分野分野
  - 営業プロセス，設計・開発プロセス，工程設計プロセス，購買・外部委託プロセス，製造プロセス，梱包・保管・輸送プロセス，生産管理プロセスなど
- 支援分野
  - 設備管理(社内システム含む)プロセス，測定機器管理プロセス，人材開発(教育訓練)プロセス，知的財産管理プロセス，安全管理プロセス，文書管理プロセスなど

それにしても，なぜ規格の丸写しのような QMS 文書（品質マニュアル）が出回ったのでしょうか？ ISO 9001 の意図をはき違えているとしか考えられません．

1990 年代，まだ ISO 9001 の初版が使われていた当時，ISO 9001 は QMS モデルであると言われていました．もしかすると，組織はその説明を受けて，ISO 9001 を自分たちが目指すべき姿であると感じたからでしょうか．あたかもアパレル分野でファッションモデルが着る服を同じように恰好よく着こなせると勘違いするように，組織は ISO 9001 をそのまま自分たちのシステムになるものだと勘違いしたのでしょうか．

ISO 9001 の初版では，規格の活用の仕方に関して tailoring（服を仕立てる，修整）ということを述べていました．モデルが着こなしている服を自分たちが着るためには，自分自身の体形を変えるか，着る服を修整しなければいけない，という意味です．ISO 9001：2015 の箇条 4.3 で述べられている「適用可能性（applicability）」という用語も同じ意味をもっていると考えてよいと思います．

規格で要求されていることを，どこに，どのように，どの程度適用するのかの説明が書かれていない「QMS を説明する文書」には，何の価値もないではありませんか．

ISO 9001 認証の取得・維持についての誤った理解

QMS の認証制度は 1980 年代に英国で始まったとされています．日本では，1990 年ごろから第三者認証制度が始まりました．当時，欧米のビジネス相手から日本の輸出企業，特に電気・電子業界の組織に ISO 9001 の認証を受けるよう，要求が出始めました．

現在まで続いている，調達する際の要件としての「ISO 9001 認証」要求です．要求する企業の側の理屈は，ISO 9001 を構築している組織であれば一定の能力を保有していると考えられるというものです．

ISO 9001 の適用範囲の第 1 項は，前述したように，「a) 組織が，顧客要求

事項及び適用される法令・規制要求事項を満たした製品及びサービスを一貫して提供する能力をもつことを実証する必要がある場合」です．確かに，取引における顧客組織が供給者組織の「品質保証能力」を要求するとき，ISO 9001に適合していれば，その能力があると見なせる，という基準に使えそうです．ISO 9001を基準とするQMSの第三者認証とは，そのような能力証明制度なのです．

　要求された組織の側は，競争相手の出方も見ながら，ビジネス上の理由によりISO 9001の認証を受けるようになっていきました．

　その際，本来は「顧客要求事項及び適用される法令・規制要求事項を満たした製品及びサービスを一貫して提供する能力」を保有することを目的に，ISO 9001に取り組むべきであるにもかかわらず，認証を取るためにISO 9001に取り組む，という目的と手段の反転が生まれてしまいました．認証書さえ得てしまえば，とりあえずの目的は達成されると考えたのです．認証機関が数多くあることも，この手段を目的化する動きを加速していきました．認証機関は売上を伸ばすために互いに顧客獲得競争に走りました．その結果，早くて，安くて，やさしい審査をする認証機関が勢力を伸ばしていきました．

　これらの結果，組織に本当の能力がないにもかかわらず，認証書だけが独り歩きする世界が作られていってしまいました．

　しかし，無理なことは長続きしません．ISO 9001認証を要求する購入者および組織側も，30年の間に次第に形骸化していってしまったこの制度を支持しなくなりつつあります．第三者認証制度の本来の姿，真の能力を保有する組織だけが認証されることに基本を置いたISO 9001認証制度に立ち戻る日が来るでしょう．

　これから組織が心しなければならないことは，まず効果的なQMS構築をISO 9001の活用により進めることとして，それができてから認証を得る，という，二段階によって歩を進めるということであると思います．そのような進め方をすると，場合によっては，第一段階で自信をつけた組織は必ずしも第二段階へ行かないかもしれません．しかし，自分で自分の能力を世の中に吹聴し

ても，なかなか信じてもらえませんので，第三者から証明をしてもらうという必要性も出てくるでしょう．第三者認証制度には，認証基準と第三者による評価という2つの側面があります．認証基準を活用して自らの組織のレベル向上を図るもよし，認証の取得・維持という公式の証明によって自らの組織能力を訴求してもよいでしょう．認証制度のこうした本質的性質を理解したうえでどう取り組むかを決めないから，このような誤解が生まれるのです．

 ## 手間がかかることを否定的に捉えている

ISO 9001 は標準，および標準化を扱っています．ISO 9001 はどのような組織でも，すなわち大企業から中小・零細企業，重工業から軽工業／サービスにまで使えるように一般化した QMS モデルですので，標準化された ISO 9001 要求事項を自分たちの組織に合うように修整(tailoring)することが必要です．

標準を管理することは手間のかかる仕事です．QMS の運営管理の基本である標準は数が多く，また組織によっては同じような標準が作られていたりします．記録も多く作成しなければならず，これらの文書と記録の維持管理は大変であると思いますが，ここに誤解があります．どのような業務の標準を定めるか，またどんな記録を残すかを決めたのは組織自身です．決めたことを誰もがそのとおりに確実に実施するのは容易ではなく，手間がかかるのが一般的です．近年のコンプライアンス，品質不祥事問題の原因の多くも，この手間を無駄と考え，軽視していることが大きな原因だと思います．

ISO 9001 は，QMS 運営管理の仕組みは，組織の実態に合わせて標準化する必要があるとしていますが，これを誤解して，すべての要求事項を標準化することが必須であると考えている組織も多いのではないでしょうか．また，審査員が指摘したことの本意を理解せず，表層的な理解のまま，すべて標準に取り込むことが必須と考えている組織もあるようです．

ISO 導入前は記録を作成しなくてもよかったのに，いまはなぜか記録を作成するルールになっている，仕方なく作成しているという誤解もあるようです．

記録を作成する目的は何なのかを考えれば，そのような誤解は自然となくなるはずですが，QMS の目的をはき違えている組織においては，そのような誤解はなかなか解けないものです．

これ以外にも，記録はきっちりしたフォーマットでなければ審査で指摘されると誤解して，厳格に記録を取るようにしている，不適合報告書は要求事項ごとに書く必要があると誤解して，工程内での製品の不適合，クレームの不適合，内部監査の不適合ごとにフォーマットを作成していることで様式が増加しているという事例もあると聞きました．

記録を作成する主な目的は，

① 顧客を含む利害関係者に対して，自社の QMS が適切に実施，運用されていることの証拠(実証)として

② QMS の効果的な管理，改善のためのデータ集計，分析として

の 2 つです．これらを理解したうえで，不必要で意味のない記録を取り続けることを避けてほしいものです．

ここで視点を変えて，手間がかかることを肯定的に捉えたほうが得策となる要求事項の例として，ISO 9001 の箇条 4.4.1 を取り上げます．

4.4 品質マネジメントシステム及びそのプロセス

4.4.1 組織は，この規格の要求事項に従って，必要なプロセス及びそれらの相互作用を含む，品質マネジメントシステムを確立し，実施し，維持し，かつ，継続的に改善しなければならない．

組織は，品質マネジメントシステムに必要なプロセス及びそれらの組織全体にわたる適用を決定しなければならない．また，次の事項を実施しなければならない．

  a) これらのプロセスに必要なインプット，及びこれらのプロセスから期待されるアウトプットを明確にする．

  b) これらのプロセスの順序及び相互作用を明確にする．

  c) これらのプロセスの効果的な運用及び管理を確実にするために必要

な判断基準及び方法(監視,測定及び関連するパフォーマンス指標を含む)を決定し,適用する.
d) これらのプロセスに必要な資源を明確にし,及びそれが利用できることを確実にする.
e) これらのプロセスに関する責任及び権限を割り当てる.
f) 6.1 の要求事項に従って決定したとおりにリスク及び機会に取り組む.
g) これらのプロセスを評価し,これらのプロセスの意図した結果の達成を確実にするために必要な変更を実施する.
h) これらのプロセス及び品質マネジメントシステムを改善する.

　ISO 9001 はプロセスアプローチを推奨していますが,この箇条は QMS の構築・運営におけるプロセスアプローチの適用に関する要求事項となっています.このプロセスアプローチの核心部分の実践は,実に手間がかかります.しかし,QMS の有効性向上に対し,その手間に十分に見合うだけの抜群の貢献をします.プロセスアプローチは QMS 構築の神髄と言っても過言ではありません.

　日本の組織なら,程度の差はあれ,必要なプロセスは決まっているでしょうし,a)～h)の要件もプロセスごと決まっていると思います.問題はそれが最新化されていないところにあります.過去 20 年の間に多くの工場が海外に出ました.また,取り扱う製品も随分変化しています.当然のことながら,これらの変化はプロセスごとの,a)～h)に影響しています.それらは,プロセスの責任者(プロセスオーナー)が把握しているはずです.しかし,組織全体としてまとまっていません.これを見直すには手かがかかりますが,その手間に見合う果実は必ず組織にもたらされると思います.

自分たちの本業を理解していない

実は,多くの組織が自分自身のことをよくわかっていません.ここで自分自身と言ったのは,製品・サービスのこととか,人々のこととか,はたまた内部で起こっている事象などのことではありません.自分たちのQMSを知らないということです.

ISO 9001の箇条7.5「文書化した情報」では,以下の要求事項が規定されています.

7.5 文書化した情報

7.5.1 一般

組織の品質マネジメントシステムは,次の事項を含まなければならない.

a) この規格が要求する文書化した情報

b) 品質マネジメントシステムの有効性のために必要であると組織が決定した,文書化した情報

注記 品質マネジメントシステムのための文書化した情報の程度は,次のような理由によって,それぞれの組織で異なる場合がある.

－ 組織の規模,並びに活動,プロセス,製品及びサービスの種類

－ プロセス及びその相互作用の複雑さ

－ 人々の力量

この規定から自社の活動を標準化することが求められていることがわかります.標準化のためには,プロセスの要因(プロセスへのインプット,プロセスからのアウトプットなど,箇条4.4.1)を管理する方法を確立する必要があります.例えば,品質機能展開の一つである業務機能展開を活用し,次のステップで標準を作成することで,自身の本業への理解が深まります.

① 基本機能の明確化

② 1次機能の明確化

③ 2次機能以下の明確化と単位作業(最終機能)の明確化
④ 単位作業のインプットの設定
⑤ 単位作業のアウトプットの設定
⑥ 単位作業の実施者の設定
⑦ 単位作業の管理項目(管理点・点検点)および管理時期の設定
⑧ 管理項目の管理責任者の設定(業務機能展開の完成)
⑨ ①〜⑧に関する品質,コスト,量・納期,時間などに着目したリスクアセスメントの実施
⑩ リスクへの対応
⑪ ⑩の結果に基づいた,⑧で作成した業務機能展開の修正
⑫ 文書の制定
注) 単位作業:一つの作業目的を遂行する最小の作業区分(JIS Z 8141)

標準は制定したら終わりではなく,事業活動の環境変化に合わせて常に改訂し,作業しやすい方法を構築していくことが大切です.したがって,本業を運営管理する仕組みづくりが大切です.

『ISO 9001 認証・維持に手間がかかり過ぎて,本業がおろそかになってしまう』という誤解に対し,5つに分解して説明してきました.読者の誤解が完璧に払拭されたかどうかわかりませんが,組織の皆さんが真に役に立つQMS構築とその運営管理を効果的に行っていくことを期待します.

誤解6

どうやったら
ISO 9001 が楽に取れますか？

　本章では，『どうやったら ISO 9001 が楽に取れますか？』といった，ISO 9001 の認証取得に取り組むにあたり，ISO 9001 に準拠した QMS 構築の効果よりも，認証取得そのものを目的化するという誤った考え方について考察します．

 はじめに

　いまは昔，ISO 9001 認証制度の黎明期，二十数年前のことです．私はある中堅企業の TQC・QC 担当で，そこに突然降って湧いたように出現したのが ISO 9001 の認証取得命令でした．

　職務上，仕方なく（？）認証取得プロジェクトを立ち上げ，準備を進めていきましたが，やはりそのとき思ったのは，「少しでも楽をして認証を取得したい」ということでした．ISO 9001 でなくとも，規制対応とか，何らかの資格や認証の取得の担当事務局として，同じような経験をされた方も多いかと思います．

　組織にとって未知の新しいものに挑戦するのは並大抵なことではありません．まずそれを行う人材と，追加の工数と，そのための知識の吸収など，やらなければならないことが山ほど出てきます．トップの強いリーダーシップがな

ければ到底かなうことのない一大イベントです．

この中で，少しでも楽に ISO 9001 の認証を取得したいと考えるのは自然なことでしょう．でもそこで下手に"楽"をすると，あとで大変な苦労の種となってしまいます．自省の念も含めて，本章の誤解について書き綴ります．

楽に ISO 9001 に適合した QMS を構築して認証の取得をしたい

品質大国日本の多くの企業にとって，降って湧いたと感じられた ISO 9001 の認証取得は，ヨーロッパに輸出するための貿易対策から始まりましたが，次第に国内のさまざまな取引条件にも使われるようになっていき，中小企業にとっては，大手・中堅企業と取引をするための必須条件のようになっていきました．

また大手・中堅企業にとっては，なんでいまさら，という戸惑いを抱えながらも，まあ悪いことではないので，自社の品質マネジメントシステムを見直すいい機会かな，という程度の認識であった組織も多かったのではないかと思います．

そのような状況の中での認証取得は，これを積極的に利用して会社をよくしようという思いよりは，むしろ，取引継続や新規取引に不可欠な取組みである，という受け身の動機から入った企業がほとんどといってよいでしょう．

そんな「ISO 9001 認証取得」を，なんとか楽にやりたい，と思うのは自然ですが，一部で次のような風潮が出てきました．

① コンサルタントを一時的な社員にして，ISO 9001 に適合した QMS の構築と認証取得に関わる仕事をやってもらって，用が済めば退職させる：認証取得請負型

② 社員になってもらうことまではしないが，品質マニュアルや関連文書を，全部作ってくれるコンサルタントを使う：品質マニュアル・規格作成請負型

③ 上記の①，②ほどの丸投げではないが，自社の部署名を当てはめればよいような品質マニュアルの「ひな形」を提供してもらう：品質マニュアル

ひな形利用型

④ コンサルタントは使わずに自前でやるが，手間はかけたくないので，品質マニュアルは規格の条文どおりに書いておく：自前で規格トレース型品質マニュアル作成

結論を先に述べれば，これらの方法はいずれもあとで苦労する，お勧めできないやり方です．

楽をしてISO 9001を取得した結果

さて，このような対応をとった組織のその後はどうだったでしょうか．①の一時的に雇用したコンサルタントが辞めた後は，構築したQMSを理解している社員がいなくなり，後継者育成にしばらく時間がかかりました．また，生粋の社員ではない人が作ったQMSに愛着は湧かず，また関心も低く，これを維持・改善していこうという意欲も湧いてきませんでした．

②の品質マニュアルをコンサルタントに作成してもらった場合や，③のひな形を提供してもらった場合はどうだったでしょうか．私も，いろいろな品質マニュアルを見せていただく機会が多いのですが，当該組織にはないような部門部署名が出てきて当惑した経験も時折あります．しかも，作ってから数年も経っているものです．前例と同じように，ほとんどの人が関心をもっていない証拠でしょう．

部門・部署名程度のことならまだよいのですが，深刻なのは身の丈に合わない，借り物の服のようなQMSを構築してしまった場合です．

以下で紹介するのは，文字どおり，服を作る専門業者が借り物の服を着てしまい，どうにも動きが窮屈になってしまった例です．

借り着の品質マニュアルを着たA社の例

A社は会社や官公庁のユニフォームや作業着を作っている縫製会社です．

官公庁にも顧客をもつA社は，自社にISO 9001が必要と判断して認証を取得しようと決意しました．そして，コンサルタントに相談しましたが，楽に取得をしようと，品質マニュアルの「ひな形」を提供してもらって，これに合わせてQMSを構築しよう，ということになりました．

A社の設計・開発は，例えば，お客様のニーズや体型に合わせたパターン(型紙)を作り，これで試作をして，試着をしてもらって確認した後に，量産があるときはさらに量産パターンも作り，量産に移行をするというものです．パターンが完成すると，お客様の要望や採寸した情報が書かれた依頼書と照合して，間違いがないか確認します．

また，パターンを作る前や後には，上司や縫製責任者と相談しています．試作すると，試着してもらってお客様の意見を聞きます．そして，これらの結果や処置したことは，その都度，依頼書やパターン(型紙)に，記録が残されていきます．

A社が使うことにした品質マニュアルの「ひな形」は，開発の計画は，「検証」,「レビュー」,「妥当性確認」など，規格の要求事項をすべて様式化した「開発計画書」を作成して，その記録をこの計画書の添付資料に残していく，というものでした．規格の要求事項を確実に満足させるやり方で，審査のときでも楽です．

ところが，ここまでお読みいただけばわかるように，A社のそれまでのやり方は，現状のままでISO 9001規格の設計・開発の要求事項に適合しているのに，ひな形を導入することで，わざわざ手間のかかる方法に変えてしまったのです．

そうでなくとも忙しいパタンナー(型紙製作者)は，パターンを作るたびに開発計画書を作成し，一つの仕事が終わるたびに，この開発計画書を引っ張り出してきて記録をするという余分な業務をするようになったために，ますます忙しくなりました．しかも，審査の前には，計画書の発行に漏れがないかを確認して，忙しくて発行できなかったときの分を後になって作る作業までできてしまいました．何もかもあまりにも大変で，このパタンナーは退社してしまいま

した．最初の"楽"が，あとでその何倍もの"苦労"になって返ってきた例といえましょう．

ISO 9001 の QMS 認証の取得をするのに，安易に楽をしようとすると，その反動で思わぬ後遺症を残して苦労することが多いこと，長い目で見るとそれが少しも"楽"ではないことを理解してほしいと思います．

A社のような組織のその後

A社と同じような経験を，多少なりとも経験された組織もあろうかと思います．しかし，A社も含めた多くの組織の賢明な経営者や管理者は，これに気づき，どうせやらなければならないならもっと効果的にやろう，さらにはこれを逆手にとって積極的に利用して会社の活性化や業績向上に役立てよう，と活動を展開して，成果に結びつけている企業もたくさんあります（誤解1『ISO 9001 をやれば会社はよくなる』にはそんな例も出ていますので，参照してください）．

ISO 9001 の規格を審議し発行する側でも，2000 年改訂，2015 年改訂を経て，品質マネジメント原則の導入・改訂や，顧客重視，改善（PDCA サイクル），プロセスアプローチなどの重要性の強調，文書の軽減などの努力もして，全体的によい規格になってきました．"楽に"取った後遺症もすっかり癒え，過去のものになってきたかなと安心していたら，心配なことがまた出てきました．

「2015 年版の改訂対応にあたって，品質マニュアルと関連する規定を直してください」，「改訂規格に対応した品質マニュアルのひな形をください」といった，丸投げやアウトソースで"楽"をしたいという依頼がたびたび来るのです．せっかく登ってきた道のりを，後戻りする依頼内容に思えます．こんなことになってしまう原因をひも解いて，これから認証を取得（ISO 9001 の QMS 構築）することはもとより，その再構築，あるいは継続的な運用のための，より効果的な方向性を探っていきましょう．

丸投げしてしまう・したくなる理由

例えばA社も，決して好き好んで丸投げやアウトソースをしたのではないはずです．その原因としては大きく以下の3つが考えられます．

第一は，ISO 9001規格が難解であり，とっつきにくいことです．規格に書いてある用語は，普段使っている言葉にほど遠く難しく思えます．ISO 9000には用語の定義もありますが，これを読むとますますわからなくなってきます．初めてISO 9001を読んだ人には，何か別世界のような錯覚をさせてしまうのです．

第二は，わからないだけでなく，新たにやらなければならないことがあることです．内部監査，マネジメントレビュー，プロセスの監視，場合によっては，目標管理など，やり方がわからないことや，やりたくてもできなかったことなどもあります．ますます敷居が高くなります．

第三は，特に小規模・中小企業では，ISO 9001の認証の取得・維持のための人手が足りないことです．そうでなくとも人手不足の中で，この活動(ISO 9001のQMSの構築・運用)に割ける人がいません．何とか人数は工面できても，この仕事を任せられるような能力をもった人材はなかなかいません．これは思いのほか深刻な問題かもしれません．

ISO 9001は本当に難しい？

ISO 9001は難解である，ということについて考えてみます．ISO 9001規格で要求していることと，自分の組織の業務とを結びつけることができれば，この難しさの大部分が解決するのですが，これがなかなか難しいようです．筆者は，長年，ISO 9001の初心者の方たちに，例えばレストランとか，身近な仮想会社の業務の実態を書いたものからISO 9001の該当する要求事項を特定してもらう訓練を通して，ISOの要求の各箇条の意図を比較的容易に理解しても

らえるという経験をしてきました．

ただ，ここで必ず出てくる問題が，「同じような要求事項が一杯あってその違いがわからない．複数ある規格の要求事項のどの要求事項につながるのかわからない」というため息混じりの繰り言(?)でした．

例えば，変更管理の問題が出ると，ある人は「6.3 変更の計画」，またある人は「8.2.4 製品及びサービスに関する要求事項の変更」，別の人は「8.3.6 設計・開発の変更」や「8.5.6 変更の管理」と，それぞれの人がなるほどと思うような論理を展開して主張します．これはほんの一例で，同じようにどの要求事項に当てはまるのか，迷い，焦燥を募らせる場面がしばしばです．

この問題は，「プロセス」を理解してもらうと，思いのほか容易に解決するものです．当該の組織がどんなプロセスをもっていて，どのプロセスで起きた問題なのかということを明らかにして，規格の要求事項と対応させて説明すると，モヤモヤはほとんど解消します．

"楽な" ISO 9001 の QMS(再)構築法，維持法とは

さて，ここまでの考察を基礎に，QMS の構築・運用のあるべき姿について考えてみましょう．

ここまで説明してきた「楽に ISO 9001 の QMS を構築して認証を取得しよう」と取り組んだやり方に共通する，反面教師ともいうべき真似してはならない方法は，最初に ISO 9001 規格の要求事項があり，これを満足する品質マニュアルができて，その後に，これに合わせて自分の組織の業務を(場合によっては，新たに)規定するというやり方です．

この方法だと，ISO 9001 のために自分たちの仕事があることになります．ところが，自分の組織の業務から，規格を見ると理解しやすくなるし，何よりも ISO 9001 と自分たちの業務の立場が逆転して，身近になります．

具体的には，自分の組織の業務システムを構成していると特定できたプロセス(例えば，営業プロセス，設計・開発プロセスなど)の実作業の業務フロー

を作って，これをベースにしてISO 9001のQMSを構築して運用するのです．基本手順は次のようになります(**図表5**)．

① 自社のプロセスごとに，その実態を業務フロー図に整理する．
② 対応するISO 9001規格の要求事項と対照する．
③ それぞれのプロセスの期待するアウトプットを出すために(品質保証をするために)，不足・不十分があれば補強する．

整理してみると，な～んだ，そんなことか，と失望するかもしれません．でも，この基本が重要なのです．

前述したA社の場合が好例です．A社は，規格の要求事項に適合するように，しかも他社のQMSの枠組みをもってきて，これが認証取得のための方法と盲目的に信じ込み，その意味もあまり考えずに，QMSを構築しました．

これが，自社のプロセスごとの業務実態を可視化して，ここから規格の要求事項を考えて自社のQMSを構築し運用すれば，新たに追加することは何もなかったはずなのです．

また，そのプロセスの中でも，ISO 9001の要求事項から，しっかりと守ら

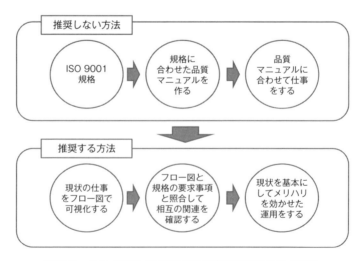

図表5　ISO 9001のQMS(再)構築の取組み方の基本

なければならない要点が押さえられ，さらに審査という外圧の活用や，内部監査という自分たちの努力で改善を進めることで，その品質保証レベルも上がるはずなのです．

おわりに

「いまは昔」ではじまった本章のテーマが，本当に昔のことならよいのですが，少しでもその後遺症が残っていると自覚症状がある組織は，いまからでも遅くありません．ぜひとも，前述したように自社の業務をフロー図などで可視化して，これを本当にお客様に満足していただける製品・サービスを提供できる仕組みに改善するために，ISO 9001 の要求事項の意味や意図を改めてよく考えてみてください．

2015 年版への改訂で，さまざまな組織の新しい品質マニュアルを数多く拝見しましたが，ちょっと心配になりました．よく意味もわからず規格の用語をそのまま用いるという，あの経験をまた繰り返そうとしているのではないかという不安です．いままでの運用の中で書き込み，使い込んできた，自分の組織の言葉を大切にしてほしいと思います．

誤解 7

ISO 9001 に基づくシステム構築は品質部門の仕事です

さて，本章で取り上げる誤解は，『ISO 9001 に基づくシステム構築は品質部門の仕事です』というものです．

一般に，誤解している人は，自分が誤解しているとは毛頭思っていないのが普通です．こういう方々の誤解を解くことができるかどうか，できるだけわかりやすく話を進め，一人でも多くの方の誤解が解け，ISO 9001 を有効に活用していただければと思います．

 品質部門の仕事は何か？

ISO 9001 は，顧客ニーズに合った製品・サービスを持続的に安定して提供するための品質マネジメントシステム(QMS)規格です．QMS 規格を有効に機能させるためには，以下の事項を十分理解する必要があります．

- マネジメントシステム規格の特性
- マネジメントシステム規格とシステムの目的
- マネジメントシステム文書とは
- マネジメントシステムを確立するとは

ISO 9001 に則ったシステム構築は，一般に品質部門が担当していますが，残念ながら多くの場合，これら品質部門の担当者が，QMS 規格の有効活用に

関して正しく理解しているとは言い難いのが現実です．ここでの品質部門とは，全社の「品質」に関わる主管業務を担当している部門という意味です．

品質部門の業務は，組織の状況によって異なりますが，基本的に以下の4つの業務の一部またはすべてを含んでいます．

① 品質保証(狭義)活動：クレーム処理，試験設備管理，検査業務管理，品質監査の企画・実施，品質報告書などの発行
② 全社的調整：品質会議の主催，部門間にわたる品質問題に対する調整，全社重要品質問題解決に関わる調整，クレーム処理についての全社的調整
③ 全社的品質保証・管理体制の充実：品質保証・管理規定の改廃の起案，品質保証・管理体制の整備・推進，PLP 体制の整備・推進，QMS 認証の維持・活用
④ 経営陣のブレーンとして：経営陣に対する品質状況の報告，品質方針の起案，年度品質保証・管理計画の起案

上記の業務は，生産管理や技術管理部門が行う業務と同様に，バリューチェーンの主プロセスを担当する部門の業務とは性質が異なります．品質でいえば，品質部門が品質の維持・向上のすべてを計画・実施しているわけでなく，品質に関わる全社の業務の支援，調整，促進，推進，管轄などの横串の機能と，一部の主プロセス業務(検査など)の実施を担当しています．

ISO 9001 の QMS モデルに従って構築・運用されるマネジメントシステムの目的は，顧客価値の創造と顧客満足の促進です．品質部門が担当することになる横串の機能も重要ですが，このマネジメントシステムの目的達成により大きく影響するのは，設計・開発や製品・サービスの実現などのバリューチェーンの主プロセスです．ISO 9001 のマネジメントシステムの有効性は，主プロセスの質，すなわち主プロセスが蓄積(標準化)してきた技術やノウハウ，人間関係を含めた組織文化などが土台となっており，横串の機能を担う品質部門だけでは有効な ISO 9001 のマネジメントシステムの構築は望めないのです．

ある品質管理部門の担当者の悩み

　私の知り合いが，中規模の組織の品質管理部門で働いています．先日，久しぶりに会う機会があったので，お酒を飲みながら，彼の近況について聞いてみました．ここ数年はISO 9001の導入とシステムの維持を主な業務としているとのことでしたので，ISO 9001認証取得後の効果はどうか聞いてみました．
　彼の言によると，

- それまで彼が所属する品質部門は，信頼試験の実施，品質問題の解決の窓口，クレーム処理を主な業務としていたが，ある日突然，ISO 9001の認証取得を社長に指示された．
- 起こった問題をその都度対応する「もぐら叩き」的な体質を改善するよい機会と思い，十分な時間をかけISO 9001規格を理解し，細心の注意を払い品質文書を作成し，無事にISO 9001認証取得を果たした．
- 認証取得した当時は，社長から褒められたが，その後は認証を維持しても，社長が期待した効果が出ていない．最近では，ISO 9001への興味を失くしたのか，マネジメントレビューに参加はしているが積極的な発言は見られなくなった．
- このままではISO 9001認証の維持もままならない．どうやったらISO 9001の効果が発揮されるのか悩んでいる．

とのことでした．
　ISO 9001導入に至った経緯を少し詳しく聞いてみました．社長がなぜ急にISO 9001について興味をもち始めたか定かではないが，地域の経営者の懇談会などで，ISO 9001を導入し経営の効率化，組織の体質改善に効果を発揮した話を聞き，自社も同じ効果を得たいと思ったようだ，とのことでした．どうも，ISO 9001認証を取るだけで自動的に効果が出ると期待していた節があります．

ISO 9001 マネジメントシステムが真に有効であるために

　ISO 9001 は，マネジメントシステム規格です．ISO 9000 規格の用語と概念の規格である ISO 9000：2015 によれば，マネジメントシステムとは，「方針及び目標，並びにその目標を達成するためのプロセスを確立するための，相互に関連する又は相互に作用する，組織の一連の要素」と規定されています．ここでいわれている「一連の要素」を組織の状況にふさわしい形で規定することで，目標を達成するための組織の構造，役割および責任，計画，運用，方針，慣行，規則，信条，目標およびプロセスが確立されます．これらの要素の基本特性を規定した規格がマネジメントシステム規格であり，その土台となるのが，組織が維持してきた組織構造，役割・責任および強みなどです．

　ISO 9001 は，これまで統一されていなかったこれらの要素の基本特性を規定することで，一貫性をもち，事業の持続的に導くマネジメントシステムの構築運営を可能とするために作成された規格です．ここで重要なのは，第一に，マネジメントシステムには目標が必須ということです．第二に，組織が蓄積してきた技術や組織文化を土台にせず，にわか作りしたマネジメントシステムは有効に機能しないということです．

　ましてや，ISO 9001 認証取得の窓口機能をもった品質部門が，組織内の主プロセスを受けもつ部門が蓄積してきた技術，ノウハウおよび組織文化を無視して，頭で考えた QMS を押しつけようとしても，最も重要な主プロセスの責任者がついて来るわけがないのです．

 目的が明確でない ISO 9001 導入が招く災厄

　この私の知り合いの話はもう少し続きます．次に，目的が明確でない社長命令に従い，ISO 9001 について真剣に学び，ISO 9001 認証取得に励んだ理由を聞いてみました．その返答は以下のようなものでした．

誤解7　ISO 9001に基づくシステム構築は品質部門の仕事です　69

- 問題と思っている「もぐら叩き」の体質を改善できれば，社長の期待に応え会社にも貢献できると思うと同時に，品質部門に対する社内の見方も少しはよくなることを期待した．
- ISO 9001に対する認識は，社長と同様，組織改革の魔法の杖くらいの認識だった．

品質マネジメントシステムを理解するためにISO 9001規格を真剣に学習したということでしたが，継続的に顧客に受け入れられる製品・サービスを提供し続けるためのプロセスについて考えたのか，と質問をしてみたところ，彼の答えは，

- 特に考えていない．
- TQMにおける新製品開発管理，プロセス保証や日常管理および方針管理について耳にしたことがあるが，これに関する知識がなくともISO 9001を理解し認証を取るだけで効果が出ると思っていた．
- 品質マネジメントシステム文書を作成し，認証を取ることで，社内のすべての部門が品質部門の声を聴くようになると思っていた．

ということでした．

　この世で，何かを達成しようと強く思わないで，自然に何かが達成されることはありません．少なくとも何を達成したいかを認識したうえで，多くの場合それを表明し，達成に向け持続的に努力しなければなりません．組織においては，目標を全社員で共有し，経営者の強いリーダシップの下，全員参加で取り組むことで目標達成が可能になります．また，継続的に顧客に受け入れられる製品・サービスを提供し続けるためのプロセスが，現場でどう運営されているかについて考えるのは非常に重要です．

「システム文書作成＝マネジメントシステム構築」ではない

　ISO 9001のマネジメントシステムは，プロセスアプローチを採用しています．ということは，各プロセスのアウトプットの質は，次工程の要求，ひいて

は顧客要求事項を満足しており，かつ常に一定に保たれていることが保証されているとの前提に立っています．次に，ISO 9001 マネジメントシステム構築について，少し詳しく聞いてみました．

彼の答えは，

- マネジメントシステム文書を細心の注意を払い作成したので，文書を各プロセスの責任者に配布し，文書に従った運営を実施するよう指示しただけ．

というものでした．加えて，どのような内部監査を行っているか聞いたところ，想像どおり，

- ISO 9001 への適合だけに焦点を当てた監査を続けている．

とのことでした．

システム文書の作成とマネジメントシステムの構築は同じではありません．マネジメントシステムの構築とは，システム文書の作成に加え，文書に従った運営の確立が不可欠です．なお，ISO 9001 マネジメントシステムは，前述したとおり，顧客に受け入れられる製品・サービスを提供し続けるためのシステムです．ものづくりは現場，すなわちシステムの構成要素である各プロセスで行われています．いま作られている製品・サービスは，現場で蓄積された技術やノウハウを活用することでその品質が確保されています．ISO 9001 は，マネジメントシステムの目的を達成するために全社が一丸となって取り組むため，これらの現場の蓄積や強みの方向性を合わせ，それらを有効に活用するためのツールです．

真に有効な ISO 9001 システムの構築に向けて

会話が弾みだいぶ時間が経ったところで，ISO 9001 が有効に機能し，彼の念願である「もぐら叩き」体質からの脱却を図るいい手はないかと聞かれたことから，以下の方法を推奨しました．

① 社長と相談し，ISO 9001 マネジメントシステムの目的を再確認し，表

明する．
② ISO 9001 導入の目的を共有し，各プロセスの目標の調整や問題点の共有を図るための，ISO 9001 有効活用に向けた委員会を発足させる．
③ 品質部門は，主にプロセス間の調整に専念するとともに，ISO 9001 の要求事項およびシステム文書の説明を行い，それらを浸透させ現場の文書への反映を推進する．
④ 起こった問題に対しては，根本原因を追究し再発防止を図るためのシステムの改善につなげる．
⑤ システム改善の結果は，マネジメントレビューでトップに報告すると同時に，上記②の委員会で共有する．

これら①～⑤項目を実施することで，次の3点を達成できます．
- 全員参加で運営する ISO 9001 を構築することが可能になる．
- 起こった問題をシステム改善につなげることで，「もぐら叩き」体質から脱却できる．
- 有効性に焦点を当てた内部監査が可能になる．

これらを達成することで，社長の ISO 9001 に対する期待もいままで以上に膨らむことを望みながら，近いうちに再会することを約束して彼と別れたのでした．

誤解 8

ISO 9001 では結局，文書があればそれでいいんでしょ？

　本章では，「ISO 9001 では結局のところ文書があればそれで OK」，つまりは「ISO 9001 は文書化を重視する QMS モデルであり，したがって ISO 9001 の認証を取得するためには，何をおいても文書がなければ始まらない．ムダと思える文書も山ほど作ることになるが，現実の業務遂行状況はともかく文書さえあれば何とかなる」というような誤解について考えてみたいと思います．

　ISO 9001 導入時に最も苦労した点として，「文書化」がよく挙げられます．少なくない企業において，文書化や文書管理のための活動が ISO 9001 導入作業の大部分を占め，それが ISO 9001 ＝ 文書(管理)というイメージを引き起こし，結果として『ISO 9001 では結局，文書があればそれでいいんでしょ？』という誤解が生まれているのだと思います．これによって，文書管理さえやれば ISO 9001 の認証取得ができ，かつ自社の品質保証体制を構築できたと思い込んでしまい，最終的には ISO 9001 は役に立たなかったと嘆くことになるのだろうと推測されます．

　このような誤解が生じてしまう背景には，そもそも文書とは何なのか，文書を作成する目的は何か，どのように文書を作成していけばよいかについて，十分に理解できていないことがあると思われますので，本章ではこれらの点について考察したいと思います．

良質な製品・サービスを提供するためには

　まず，文書を作る最終的な目的は，当然ながら顧客ニーズに合致した製品・サービスを確実に提供するためです．読者の皆さんもよくご存知のように，製品・サービスは提供企業側から見れば企業活動のアウトプットであり，そのアウトプットの質を高めるためには，それを生み出す業務プロセスに着目する，すなわち，システム志向とかプロセス志向といわれる考え方を重要視しています．

　ISO 9000 シリーズが概念の普及を図っている「品質マネジメントの原則」においても，プロセスアプローチとして示されています．このプロセスアプローチの考え方においては，プロセスは，

- プロセスネットワーク
- ユニットプロセス

の2つから構成されていると考えます．

　前者はユニットプロセス同士のつながり，相互関係を表現したものであり，フローチャート形式で業務の流れが記述されます．後者のユニットプロセスは，プロセスネットワークを構成する一つひとつのプロセスのことであり，以下の5つの構成要素から成り立っています．主に手順書やマニュアルなどにこれらが記述されています．

- インプット：プロセスに入力されるモノ，情報，状態(モノ：原材料，部品など．情報：作業指示・条件，入力情報など．状態：対象の初期状態)．
- アウトプット：プロセスから出力されるモノ，情報，状態(モノ：製品，半製品，加工済部品など．情報：出力情報，分析結果など．状態：処理後の対象の状態)．
- タスク：インプットをアウトプットに変換するために必要な活動(実施事項，手順，方法，条件など)．
- リソース：タスクを実施するために必要な経営資源(人，設備，インフラ，

作業環境，知的財産など)．
- コントロール：タスクの実行状況，目標達成状況を測定し，問題があれば修正するための活動(プロセス条件・中間製品特性の測定，測定して把握したプロセスの状態に応じた対応など)．

つまり，質の高いアウトプットを生み出すためには，プロセスを構成するこれらの各構成要素を的確に決定する必要があることを意味します．言い換えれば，何らかの不具合があったときに，これらのプロセス構成要素のどこにどのような問題があるかを考察することが，再発防止にも有用です．

標準(化)と文書の関係

前述のように，プロセスに着目し，よいプロセスを構築し運用することが質の高いアウトプットを得るための秘訣となります．そして，この「よいプロセス」の内容を規定したものがその業務プロセスの「標準」です．

一般的に，標準とはある目的を達成するための実施内容やその方法を定めたものであると理解されていることが多く，それはそれで正しい理解なのですが，もう少し踏み込んでいえば，現時点でその実施内容や方法についてベストであるもの，すなわちベストプラクティスともいえます．そして，「標準化」とはそのようなベストプラクティスが示された「標準」を定める行為といえます．

現実的には，ベストプラクティスが何であるかを明確にはわからないことが多いので，いまやっている業務のやり方，方法を書き出して，それを現時点でのとりあえずの「標準」として採用し，業務を繰り返し実施していく過程で「標準」を改訂し，ベストプラクティスに近づけていくことになるでしょう．

標準(化)の対象は，上記のプロセスの構成要素のすべてが当てはまります．プロセスネットワークは，業務プロセス全体の目的を達成するために必要な一連のユニットプロセスの流れのことですので，業務フローチャート形式で表された標準類が多くなります．ユニットプロセスについても，「○○業務実施手

順書」，「△△取扱マニュアル」といった標準類が作成されることになります．

とりわけ，ユニットプロセス内の構成要素である「リソース」，「コントロール」については，それを実現するため実施内容や方法を定めた別の標準類が用意されることが一般的です．例えば，リソース内の「人的資源」に関しては，教育・訓練計画や実施方法を規定した標準が相当しますし，インフラの一つである「設備」についても，その保守・メンテナンスの方法を定めた標準類が作成されます．

このように，プロセスのあらゆる構成要素について「標準化」を行うことが可能であり，その結果として「標準」が得られますが，この「標準」を誰もが目に見える形で可視化したものが「文書」になるのです．もちろん，文書といっても，何も文字のみを並べて書く必要はなく，図や写真・動画を用いてもかまいません．また記述される媒体も紙には限定されません．電子ファイルでもよいですし，ビデオでもかまいません．

ここで，多くの方が「標準を可視化しなくても（つまり文書にしなくても），実施者が覚えていればそれでよいのではないか？」という疑問をもつようです．例えば，作業を実施する人が1人の場合を考えてみましょう．作業者が1人なのですから，作業者がそれを覚えていれば文書がなくても大丈夫と思うかもしれません．もちろん，毎日その同じ作業のみを，しかも同じ作業者がずっと実施するのであれば，不要かもしれません．

しかしながら，作業者は同じ日に他の作業も（つまり複数の作業を）やることがあるかもしれませんし，作業者が日によって異なる場合もあることもあるかもしれません．さらに，作業を実施する頻度が毎日ではなく，1週間に1回，月に1回，または年に1回など，たまにしか実施しない作業かもしれません．

このような場合，標準の目的は記憶補助といえます．多くの有用なベストプラクティスのすべてを正確に覚えておくことはできませんので，たとえ1人で仕事をするにしても有用な知識として文書にしておくことが得策です．実際には，組織は同じ日に複数の人が互いに連携しながら複数の仕事を実施しているわけですから，文書の必要性はなおさら高まることになります．

文書の3つの役割

では，文書が果たすべき役割とは何でしょうか．これには大きく分けて，
- 知識の再利用
- コミュニケーション
- 証拠

の3つの役割があることを理解すべきです．

多くの業務は日々繰り返し実施されます．たとえ一人で実施するとしても，どのように実施するのがよいか，そのよい方法を文書に記載し，時を変え場所を変えても再利用できるようにすべきです．文書はそれらの知識の媒体としての役割を果たします．作業標準・業務標準の多くはこのような性格の文書です．そもそも標準とは，繰り返し使える有用な知見を再利用する経営管理ツールといえます．

こうした標準の意義については，例えば，通勤・通学の例で考えればわかりやすいでしょう．入社した当時は遅刻しないようにかなり通勤に気を使い，どんなルートで行くべきか，交通トラブルがあった場合の迂回路があるか，乗り換え時間がどのくらいかかるかなど，いろいろと考えたと思います．それが，いまでは当たり前のように問題なく通勤できていて，通勤そのものに頭を使うよりも，通勤時間を趣味の読書やちょっとした勉強時間に充てたりしています．つまり，これまでに培ってきたベストな通勤方法を標準としてもっていて，それを毎日繰り返して適用している（使っている）ことになります．これが，第一の「知識の再利用」という役割です．

第二の「コミュニケーション」とは，その言葉どおり，業務実施者同士の情報伝達のことです．例えば，ある業務を担当者A→担当者Bという順番で分担して実施する場合，AからBに作業指示が伝達され，その指示に従って残りの作業をBが実施することになるでしょう．この担当者AとB間の作業指示内容の伝達には「作業指示書」という，文書の一種である帳票類が用いられ

ます．つまり，コミュニケーションをとる手段としての文書の役割もあるということです．このような引き続く作業ばかりでなく，組織には部門間で互いに伝達し共有しなければならない情報も多々あります．これらの情報の媒体として，紙，電子ファイル，イントラネット，データベースなどの「文書」が必要です．

　文書が果たすべき役割の第三は「証拠」です．存在の証拠としての品質保証体系図，実施の証明としての記録，内容の証明としての契約書などです．ISO 9001の認証制度の一つの特徴が，認証という能力証明の制度であるがゆえに，外部に対して自社の品質保証体制がちゃんとしていることを証明することにありますので，そのための文書がどうしても追加で必要になります．「うちはちゃんとやっています」と口で言うだけではダメで，業務のやり方を規定した手順書と，そのとおりにやったことを示す記録を外部に対して示す必要が出てきます．したがって，どうしても従来よりも多くの文書(手順書＋記録)を整備する必要性が出てくるのは仕方がない部分でもあるのです．

文書をどこまでもてばよいか

　では，文書として何をどこまでもつべきなのでしょうか．ISO 9001の2015年改訂版では，
　a)　この規格が要求する文書化した情報
　b)　品質マネジメントシステムの有効性のために必要であると組織が決定した，文書化した情報
と要求しています．

　a)については必要な文書が明確ですので，b)のほうをどう解釈するかにかかっています．必要であるかどうかの判断基準が明確に示されていないので，「じゃあ全部集めようか」，または「集められるところまで集めようか」，これが転じて，「全部集めないといけない，とても大変な作業をやらないといけない」というイメージにつながっていくようです．

文書としてもつべきかどうかの判断基準のその1は,「その業務を実施する人の能力レベル」です.「○○業務を実施してください」とその人に分掌業務を伝えるだけで,当該業務を間違いなく実施できる十分な能力を業務実施者が有していれば,手順書などの文書は必要ないか,最低限のことだけを書いたごく短い文書でよいでしょう.

　一方で,文書がないとよい業務アウトプットを得られないような低い能力であれば,文書を新規に作成したり,既存の文書の記載内容をより詳細なものに書き直すことが必要となります.

　要するに,業務標準の詳細さの妥当性は,その業務の従事者の力量に依存するということです.どのようなレベルの従事者を想定するか明確にし,現実に従事させる場合にはそのレベルに達しているかを確認し,必要に応じ力量向上のための教育・訓練をしなければなりません.

　文書としてもつべきかどうかの判断基準のその2は,「会社経営における業務の重要度・影響度の大きさ」です.当該業務のアウトプットの良し悪しが,その企業が最終的に顧客に提供する製品・サービスの質への影響が大きい場合,または,その製品・サービス事業全体における競争優位要因の源泉となっている重要な業務である場合,その業務に関する文書はもつべきであり,かつ他の業務に比べてより詳細に記述されるべきです.

　実際の場面では,ISO 9001を導入する前であっても,組織にまったく文書がない状況はありえず,何であれ既存の文書が存在します.これら既存の文書については,業務実体とその文書の記述内容が合致し,活用されている文書であれば,それは上記のいずれかの判断基準で必要だと判断されていると考えられますので,そのまま会社の標準文書として採用してよいでしょう.もし業務実態とかけ離れた内容が書かれていて,まったく活用されていない文書であれば,それを会社全体の「標準」として採用すると逆に現場に混乱をきたすので,廃棄するのがよいでしょう.

　さらに,既存の保有文書にはないが,新規に作成する必要がある文書(新規文書)も数多くあるかもしれません.ISO 9001では,具体的に100とか1,000

とかの文書を作らないと，ISO 9001 の認証を取得できないというような決まりはないので，かけられるリソースと優先度を考えながら，自社のペースで段階的に作成していけばよいでしょう．例えば，本来ならば 100 の新規文書を作成したかったが，ISO 9001 の審査時にはそのうちの 50 の文書しかできなかったとしても，状況によってはそれほど問題はありません．むしろ，この後に新たに作成しなければならない新規文書(残りの 50 の文書)が何であるかを認識し，現実的な作成計画が存在していることのほうが重要です．

そして，ISO 9001 は認証取得したらゴールではなく，顧客のニーズに合った製品サービスを提供するための組織体制を整備する活動のスタートであると理解すべきであり，ISO 9001 認証取得後に，計画どおり残りの 50 の文書を作成していけばよいでしょう．

よい文書とは何か

では，よい文書とは何でしょうか．それは，業務を実施する人にとって，
① いつ使うかが明確で
② そのとおりに実施できて
③ よい結果が得られる

ということに尽きるでしょう．

「①いつ使うかが明確で」というのは，その文書タイトルや適用範囲から，どのようなときに実施するどのような業務文書であるかが明確になっていることが必要ということです．テキトーな(いい加減な)文書タイトルをつけてはいけませんし，文書の適用範囲も慎重に設定すべきでしょう．

また，当然ながら「②そのとおりに実施できて」いないと意味がなく，絵に描いた餅になります．それを防ぐためには，以下の 3 点に留意すべきです．

まずは「教育と訓練」です．文書に書いてあることを実施するのは人ですので，その人がその文書に書いてあることを理解するためには，体系的かつ徹底した教育と訓練が必要です．その際には，単に文書に書いてある実施手順その

ものだけでなく，どうしてそのような手順になったのかという根拠・理由の理解も重要です．この部分の理解がおろそかになると，作業者が意図して標準手順を遵守しない問題が発生してしまうでしょう．

次は「文書の記載の詳細度」です．上でも説明したように，文書を作成する際にはその文書を使うユーザーが誰であるか，どのような能力をもった作業者なのかを明確に認識しておかなければなりません．想定する作業者の能力・レベルによって，どこまで記述しないと理解してくれないのかが決まります．

第三は「ヒューマンファクターの考慮」です．人間は人間だからこその強みもありますが，人間だからこそエラーを起こしてしまう生き物であるとの理解も必要です．通常は，悪意がある場合を除いて，作業者は標準文書に書いてあるとおりに実施しようとします．しかし，人間がもつ特性からヒューマンエラーを起こして標準どおりに実施できなかったり，技術的にはそれほど難しい手順ではないはずだが，なぜか遵守しにくい手順である場合もあります．これはすべてヒューマンファクターに起因した問題であるので，ヒューマンファクターを考慮した実施手順にすることが重要です．

最後の「③よい結果が得られる」については，もちろん標準の作成段階でこのことを考慮して決めていますが，実際にやってみると，よい結果が得られないことも少なくありません．その場合には，標準の改訂を確実に実施していくことが必要となります．

標準の改訂は，思いつきによる変更の連続ではありません．現状の標準の不備を明確にして，その不備を論理的・体系的に修正し，新たな標準として採用し，そして次からはこの新たな標準に沿って業務を実施しようという意思表示です．PDCAサイクルでいえば，C→A→P→Dというところが大切だということですが，これを個人ではなく組織レベルで回していくことが重要です．文書という側面から捉えれば，文書の作成，承認，周知，そして活用という一連の流れが組織レベルで統一される必要があり，この役割を担うのが文書管理という仕組みになるのです．

標準どおりの業務の実施

　前述したように，文書とは，良質な製品・サービス提供に必要な，現時点でベストプラクティスだと思われる業務のやり方や方法を標準手順として可視化したものです．また，そのように文書として可視化する目的は，「知識の再利用」，「コミュニケーション」，「証拠」の3つがあります．そして，よい文書とはどのような文書かについても考察してきました．

　しかしながら，文書は業務のやり方や自組織のQMSの内容を記載した，紙や電子ファイルなどの情報の媒体にすぎず，それらの媒体に書いてある内容が，組織が行う活動の実態に反映されるからこそ，良質な製品・サービスの提供を実現できることを忘れてはなりません．したがって，文書どおりに業務を実施することがとても重要です．

　こんなことは当たり前のこと，と思われるかもしれませんが，経営管理の現場を見てみると，残念ながら「文書と実態の乖離」，つまり文書に書いてある内容と，実際の活動でやっていることが一致していないということが少なくありません．そして，この「文書と実態の乖離」が進むことによって，ISO 9001認証取得，審査のためだけの，実態と大きくかけ離れた，形骸化した，役に立たない文書がたくさん作られることになってしまい，結果として『（実態は関係なく）文書が（さえ）あればそれでいいんでしょ？』という誤解につながっていくのだと思います．

　仮に手順や作業標準が適切でないとわかったとき，組織の「知の実体」たるべき文書を改訂せず，各人が自己流で勝手に運用してしまったら，その組織にとってベストプラクティスを示すはずの標準がその役割を発揮できません．また，決められたルールどおりに実施しないことによって，重大な市場トラブルが発生したり，時には不祥事，コンプライアンスの問題としてマスコミや世間から糾弾されることにつながる事例も，ちらほらと新聞などで見受けられます．

したがって，この「文書と実態の乖離」を防ぐためには，組織の知の実体である文書に記述したとおりに実施し，もし記述内容が誤っているなら(そのとおりにやっても当初の目的・目標を達成できない，不具合が発生するのなら)，文書を正して，その正した文書どおりにまた実施するということを繰り返して，文書とQMS運営の実態が一体化している状況を維持し続けることが重要です．

誤解9

今回の審査も指摘がゼロでよかったです！

 「指摘」の意味

　本章では，『今回の審査も指摘がゼロでよかったです！』という誤解を取り上げます．審査ですから，もちろん合格して認証を取得あるいは維持したいでしょう．QMS の適合審査において検出された指摘が何らかの不備に関わるものであるなら，指摘ゼロということは，一点のキズもなく完璧ということを意味するでしょうから，指摘ゼロを誇りに思ってもよいように思います．なぜ，これを「誤解」と受け止めるべきなのでしょうか．

　これを誤解とする理由は，QMS に不備があり，改善すべき要素があるにもかかわらず，それでも指摘ゼロがよいと考える現実があるからです．

　私は，長年認定審査を通して種々の産業分野における ISO 9001：2000 以降の認証審査の実態を見てきました．この品質マネジメントシステム (QMS) 規格の 2000 年改訂から 18 年の歳月が流れ，「継続的な QMS 有効性の改善」や「プロセスアプローチ」という言葉が，審査の中で普通に語られるようにはなってきましたが，認証審査のアウトプットである指摘事項は，組織の QMS 改善に必ずしも有効に活用されていないように思えます．

　お金をかけた認証審査からのアウトプットを有効に利用しないのは実にもっ

たいないことですが，これは単に組織のQMS運用の問題だけでなく，これまでのISOの歴史を考えると，他にも要因があるようです．その要因の中で，組織のISO 9001認証取得の動機が何であったかが大きく影響していると考えています．

ISO 9001の認証取得の動機が，会社の世間体，顧客からの要求，入札などの条件といった外部圧力によるもので，組織自らが事業改革や業務改善を目的としたものではないため，何も指摘がないことがよいことであるという考えが根づいてしまい，結果としてこの表題のような誤解を生んでいるようです．

組織は，審査のアウトプットを利用して業務改善をする気持ちがないので，「指摘事項」を活用しない，活用しないのであれば認証機関は指摘をしないほうがよいという状況になっていると思います．

ここで，「指摘事項」について再確認しておきます．審査における指摘には，「不適合」(ISOの定義は「要求事項を満たしていないこと」)および「観察事項」があります．観察事項の定義は審査機関が決めていますが，黒(不適合)に限りなく近いものから改善したほうがよいものまで幅が広く，審査機関によっては「改善の機会」(OFI：Opportunity for Improvement)とか「推奨事項」などとして使い分けているところもあります．

それでは，何の指摘もないことがよいことである，という誤解について，受審組織側と審査側の両面から考えたいと思います．

受審組織側における誤解

ISO 9001認証を「ISO看板」の獲得と考えている経営層の組織・会社では，次のような状況になっていることが多いのではないでしょうか．
- もともと，経営層は事業においてQMSを強化する考えが希薄で，ISO 9001は営業ツールと考えている．
- このような経営層の下では，組織要員のISO 9001のQMSモデルに対する理解は乏しい．

- ISO 事務局の要員に組織を束ねる権限はなく，組織内への影響力も小さい．
- 画一的な品質マニュアルと関連規程文書は，審査のタイミングでしか見ることはない．
- 内部監査は ISO 維持のための年中行事でしかなく，形骸化している．また，経営層も内部監査には何も期待していない．
- 審査で受けた指摘については，是正・改善活動で余計な仕事が増やされたと考えている．
- 審査に対しては，簡単に早く認証してほしいと考えているので，指摘がないことがよいと考えている(これは ISO 9001 を正しく評価していないことの裏返し)．
- このような組織では，指摘を受けた部門(責任者)は被害者意識に陥り，組織内における自分の評価にも影響するので審査員の指摘に抵抗する．
- 指摘を出さない審査機関に流れていく傾向がある．
- 指摘を出さないことで認証プロセスを簡易にしてコストを安くできるので，そのような認証機関の価格競争力は高まる．一方，組織も費用をなるべく安くしたいので，審査費用の安い機関へ認証業務が移転していく傾向がある．

このような状況を作ってきた原因には，ISO の初期導入時期から始まった，事業と乖離した ISO 9001 受審のためだけの文書化偏重があります．すなわち「手順を定めて文書化する」および「記録を維持する」という要求事項が，組織本来の業務とは関連性の低い別次元の画一的な文書・記録体系を作り，それを認証審査のために運用する，という間違った ISO 文化を作ってしまったことが始まりと考えています．

本来の業務の実態とかけ離れた文書・記録主義で運用するのが ISO である，という癖がついてしまった組織は，ISO 9001：2000 で組織の品質マネジメントシステムへの大転換があったにもかかわらず，業務(プロセス)の活動を主体としたプロセスアプローチの概念への転換は容易ではなかったようです．これ

には，次に述べる審査側の誤解もあると考えています．

 ## 審査側における誤解

ISO 9000 シリーズの発行が 1987 年，JIS 化が 1991 年に行われてから約 10 年，ISO 9001：2000 の大転換までの ISO 9000 シリーズ初期普及期で形成された文書・記録主義に慣れ切ってしまった審査側も，ISO 9001：2000 の QMS 概念である組織本来の業務プロセスの運用に焦点を当てる「プロセスアプローチ」審査への転換は，簡単ではなかったようでした．この光景は ISO 9001：2000 への移行のための認定審査立会で，しばしば見かけました．

また，前述した「ISO 看板」の獲得を目的にしているような組織においては，審査員が指摘を出すと抵抗するので，審査員は組織との衝突を避け，結果的には指摘を出さない，または指摘のレベルを下げる（例えば，「不適合」でなく「観察事項」への格下げ——これをソフトグレーディングという）という状況も，時折観察されました．

さらに認証機関によっては，ISO 初期普及時代が終わり顧客獲得の競争が始まったころから，顧客囲い込みのために厳しい指摘を出さなくなった，ということも聞きます．

ここまで来ると，まさに ISO 審査の負のスパイラルが回ることになります．

 ## よい審査にするために

しかし，そのような負の審査パターンばかりではありません．プロセスアプローチをとれる審査員と，それを理解する組織側の組合せが組織の QMS 改善に効果的な影響を与えている事実も少なくありません．

例えば，経営者に対する面談の場面などで，経営者が「プロの厳しい目で見ていただき，有効な指摘を多く出してください」などと発言するケースがあります．このような経営者の発言は審査員にとって励みになり，各部門で思い切

り審査ができます．

　ただし，経営者が期待する審査アウトプットを出すためには，審査員の力量が必要です．審査員はコンサルティングができないので，客観的立場で有効な指摘(観察事項，改善の機会を含めて)を出す必要があります．

　改善のタネになるよい指摘は，力量がある審査員でないとなかなか出せないので，審査員へのプレッシャーになりますが，審査員として切磋琢磨へのよい刺激・インセンティブになります．認定審査の中でも，このようなよい事例を見かけることがあります．組織も，このような審査員に次回も審査してほしいと認証機関にお願いしているようです．

　ISO 9001：2000 以降は，自動車や航空宇宙をはじめとするリスク思考の強い産業分野では，ISO 9001 をベースにした QMS セクター規格の制定が進み，プロセスアプローチに基づく内部監査，および審査においてもプロセスごとに現場を主体にした実践的な活動が審査されるようになりました．

　セクター規格は，ISO 9001 に，業界ニーズに基づいた厳しい要求事項が追加されていることと，審査員に資格要件，研修，試験が課せられており，一定の専門的力量基準が担保されているということから，認証機関の管理体制もそれなりに大変ですが，業界として顧客(購入者)・供給者間の品質保証のシステムにおいて，有効に機能しているようです．

　通常の ISO 9001 では，業界の固有要求事項はないので，規格の一般化された要求事項に対して組織がどのように ISO 9001 の QMS モデルを自社の事業プロセスに組み込むかを，経営層が判断することが重要になります．これが ISO 9001：2015 の箇条 5「リーダーシップ」の要求事項にある，「事業プロセスへの品質マネジメントシステム要求事項の統合を確実にする」ということなのです．

　ISO 導入後の組織の活動が事業改善に結びついていることは，経営層が積極的に QMS の活動に参画している事例で実証されています．それらの事例では，経営層が ISO 9001 の本質を理解してリーダーシップをとっている組織であり，優秀な事例は JAB アワード*などで紹介されています．

ここで ISO 9001 の本質を述べている ISO 9000：2015 の「品質マネジメントの原則」を以下に示しておきます．この原則を経営層が理解すれば，ISO 9001 の運用において正しい方向を見つけられるかもしれません．

品質マネジメントの原則
- 顧客重視：品質マネジメントの主眼は，顧客の要求事項を満たすこと及び顧客の期待を超える努力をすることにある．
- リーダーシップ：全ての階層のリーダーは，目的及び目指す方向を一致させ，人々が組織の品質目標の達成に積極的に参加している状況を作り出す．
- 人々の積極的参加：組織内の全ての階層にいる，力量があり，権限を与えられ，積極的に参加する人々が，価値を創造し提供する組織の実現能力を強化するために必須である．
- プロセスアプローチ：活動を，首尾一貫したシステムとして機能する相互に関連するプロセスであると理解し，マネジメントすることによって，矛盾のない予測可能な結果が，より効果的かつ効率的に達成できる．
- 改善：成功する組織は，改善に対して，継続して焦点を当てている．
- 客観的事実に基づく意思決定：データ及び情報の分析及び評価に基づく意思決定によって，望む結果が得られる可能性が高まる．
- 関係性管理：持続的成功のために，組織は，例えば提供者のような利害関係者との関係をマネジメントする．

■ 審査の PDCA

認証機関が策定する審査プログラムは，認証周期(3 年)における審査活動を通して，組織の QMS の継続的改善のきっかけを与えるという重要な役割をもっています．

---
* http://www.jab.or.jp/about/jabaward/

認証審査の審査プログラムは，初回認証から始まる3年周期の審査(サーベイランス→サーベイランス→更新審査)およびその後の更新周期における個々の審査で，何を(重点的に)評価していくかという，いわば審査サイクルのPDCAに当たるものです．

組織の外部，内部の状況の変化に応じて，QMSが対応すべき変化点や審査におけるアウトプットに基づいて，認証機関が審査プログラムを見直し，各審査の審査計画を策定することになっています．3年間の認証周期内における個々の審査でのアウトプット(指摘)が組織にどのような効果をもたらしたかを評価することにより，組織のQMS改善状況と同時に審査の継続的な有効性を測ることができます．

組織としても，審査に対価を払っているのですから，審査のアウトプットには期待すべきです．そして個々の審査におけるアウトプットを3年間という期間で見たときに，組織のQMSひいては事業プロセスにどのように役立ったかを評価することを強くお奨めします．

認証機関に対しても，個々の審査における指摘の有効性をフィードバックすることは，認証審査の価値向上につながります．

審査で指摘をもらわないことがよいことではなく，よい指摘をもらうことで組織のQMS改善が促進されることがおわかりいただけたと思います．

組織側としては，経営層がQMSの有効性に説明責任を負うこと，組織の事業プロセスとQMSの統合を確実にする，というISO 9001：2015の要求事項を正しく理解したうえで審査を有効に活用することが重要です．また，審査機関側は，組織のQMSを通して事業プロセスを継続して改善させるような審査のアウトプットが出せる審査の提供と，組織ごとに有効な審査プログラムを策定し審査のPDCAを回すという，双方の取組みが重要です．

最後に，この誤解に対するキーメッセージを**図表6**に整理しておきます．

図表6　審査での指摘の意義と有効活用

審査での指摘(改善事項含め)は，積極的にプロセス改善のタネとして利用しよう！

組織側の視点：よい指摘は受け入れて活用するという姿勢
- その指摘に対する是正・改善処置が，QMS の改善ひいては事業プロセスの改善にどのように役立つかを検討しよう．
- 審査員の指摘が，本当にプロセス改善に寄与するのか，また認証サイクルを通して継続的にプロセスやシステムの向上に結びついている事例を考えよう．

審査側の視点：上記(組織側の視点)の裏返し
- 認証サイクルを通じて，審査ごとに審査プログラムをレビューし，次回の審査計画の策定に反映する．
  → 組織の弱点領域をクローズアップ
- 審査計画の策定では，重点志向による弱点領域(リスクの高いプロセス部分)を盛り込んで有効な審査トレールをとる．
  → これがプロセスアプローチの神髄

誤解 10

ISO 登録維持のための年中行事として，内部監査とマネジメントレビューをちゃんと継続してやっています

　本章では，『ISO 登録維持のための年中行事として，内部監査とマネジメントレビューをちゃんと継続してやっています』という誤解を取り上げます．この表現の中には，受け止めようによっては聞き捨てならない「登録維持のための年中行事」という言葉も入っています．誤解 9 で扱った「認証審査における指摘ゼロ」それ自体を目的にする活動とも一脈通じるところがあります．

 役に立たない内部監査やマネジメントレビュー

　この誤解は，実は，認証維持以外にはまったく役に立たない，形骸化した ISO 9001 認証の典型ともいえます．まずは，「役に立たない内部監査の典型」から紹介しましょう．

　あなたの組織で，**図表 7** に挙げた項目に当てはまるものがあるかチェックしてみてください．

　どのくらいチェックがついたでしょうか．これらの実施状況は，いずれも QMS の改善に寄与するようなものではなく，何の付加価値も生まない，時間の無駄というほかないものです．

　次にマネジメントレビューについてですが，単に経営者が関与する年 1 回のイベント，ISO の年中行事として定着している組織が少なくありません．ISO

図表7　内部監査の実施状況に関わる調査項目

- ☐ 現場，現物を見ることなく文書を中心に会議室のような場所で実施している．
- ☐ 文書・記録でまれに記録の不備などを見つける程度のアウトプットである．
- ☐ 監査プログラムは策定していないので，監査スケジュールは，いつも(毎年)同じ内容である．
- ☐ 監査チェックリストはあるが，いつも研修機関の初歩的な教材のようなものを使って，チェック欄に✔をつけて終わっている．
- ☐ 以上のような状況なので，内部監査チームは特段の準備は行ってない．
- ☐ 経営者は，内部監査はISO 9001維持の活動としか認識していないので，監査のアウトプットには期待していない．

　9001のマネジメントレビューへのインプット項目は，内部監査結果をはじめ経営者の役割・責任を全うするために必要な，自組織のQMSの現状認識のための情報です．それらの多くは日常的に行われている活動と考えられますが，これらの活動がマネジメントレビューというISO用語になった途端に，事業プロセスから乖離したISO認証維持だけの活動となってしまっているようです．こうなってしまった原因の一つは，初期のISO審査から始まった文書や記録に偏った審査方法と考えられます．
　このような形骸化した内部監査とマネジメントレビューでは，「内部監査は審査で不適合をもらわないための予行演習」程度と考え，認証維持のために「内部監査とマネジメントレビューのセット」を毎年の審査日程に合わせて，画一的な記録を準備するというところに活動が留まってしまっています．
　これでは，ISO 9001のQMSを活用した事業プロセスの改善に寄与することは到底できません．
　本章では，この誤解を解くために，内部監査とマネジメントレビューの意義

を再認識し，それらの実施方法について具体的なヒントを提供したいと思います．

QMSのPDCAを回すツールとして活用する

　内部監査とマネジメントレビューは，組織のQMSのプロセスが有効に機能しているかどうかを判断するうえで，ISO 9001のQMSのPDCAのうちで，CとAにあたる重要なプロセスです．組織の重要なマネジメントプロセスに位置づけられ，経営者が最も注目すべきものです．

　これら2つのプロセスが有効に機能することにより，経営者の正しい判断が導けるのです．内部監査とマネジメントレビューをISO 9001認証維持だけのためと考えるのではなく，重要な経営ツールと位置づけて，組織のマネジメントシステムに取り込み，運用することでISO 9001：2015の箇条5「リーダーシップ」の要求事項となった，事業プロセスとQMSの統合が実現可能となるのです．

内部監査を有機的な活動とするために

　内部監査が提供する付加価値として，次のようなものがあります．
- リスクの検出による問題の顕在化⇒有効な是正・予防処置
- 改善の機会の特定⇒QMSの改善
- 有効な監査アウトプット(監査結論)⇒マネジメントレビューへのインプット⇒トップの的確な判断

　効果的なアウトプット(監査結果)を「内部監査のプロセス」から導くためには，戦略的な計画に基づいて監査を行う必要があります．

　そのためには，何といっても「監査プログラム」が重要です．これは内部監査の計画(Plan)になるのですが，監査日程，時間，場所(被監査部門)，監査員などを決めた単なる監査スケジュールとは違います．いまでも，監査スケ

ジュールを監査プログラムと勘違いしている組織をときどき見かけます．

 監査プログラムの策定

「監査プログラム」が監査の質を決めるといっても過言ではありません．監査プログラムの定義は，ISO 9000：2015 の箇条 3.13.4 において，「特定の目的に向けた，決められた期間内で実行するように計画された一連の監査」とあります．そして ISO 9001：2015 の内部監査の要求事項である箇条 9.2.2 a)では，「頻度，方法，責任，計画要求事項及び報告を含む，監査プログラムの計画，確立，及び維持．監査プログラムは，関連するプロセスの重要性，組織に影響を及ぼす変更，及び前回までの監査の結果を考慮に入れなければならない」(下線は著者による)とあります．

そうです！　監査プログラムはいつも同じでは意味がないのです．いつも同じプログラムではなく，そのときの組織の QMS の状況から，重点志向で監査プログラムを策定することが要求されているのです．

それでは，事例(シナリオ)を使って監査プログラムの策定方法について考察してみましょう．

【事例 A】

例えば，新製品が立ち上がったと想定してください．この新製品は新しく設計されたもので，最新の製造プロセスで製造され，失敗の許されない戦略的な製品だとします．組織にとって，この新製品を品質不具合なく顧客に提供することが当面の最優先課題です．そこで，今回の内部監査プログラムは「新製品××の製品実現プロセス」を対象にすることに決定しました．

したがって内部監査プログラムは，新製品の顧客関連プロセス，設計・開発プロセス，購買プロセス，製造プロセス，検査プロセスなどの一連の製品実現のプロセスが対象になります．この監査の対象プロセス，対象部門，監査基準(顧客，組織の基準類)，監査員(個々のプロセスにおいて力量が認められた監

査員の選定），監査日程，予算，完了報告などの一連の活動が，監査プログラムの中身になるのです．

【事例B】

購入部品の納入品質に問題が多く，それが原因で受入検査パフォーマンス，製造工程などに支障が発生しているとします．

このとき，次に実施する内部監査は，この機会をとらえて外部からの提供品に関してISO 9001の箇条8.4を中心とした購買プロセス（外部提供者の選定プロセス，監視プロセス，評価プロセスなど）を重点的な監査プログラムに設定するのもよいかもしれません．

箇条8.4「購買プロセスの検証」だけでなく，関連しての支援プロセスであるISO 9001の箇条7の要員力量管理プロセスやコミュニケーションなどの，他の関連するプロセスとのインタフェース，さらに，第二者監査などもこの監査プログラムの中に含めれば組織の購買管理プロセスの全領域が効果的に検証でき，問題ある部分を顕在化し，改善の機会を特定できると考えられます．

このように，関連するプロセスの重要性，組織に影響を及ぼす変更を考慮すれば，時宜を得た課題で監査プログラムを策定することになり，いつも同じパターンの逐条的で形骸化した内部監査にはならないのです．プロセスアプローチを用いることで関連する他のプロセス（例えば，支援プロセスである要員の力量・教育・訓練などのプロセス）との関わりを確認することになるので，逐条的なアプローチを避けることができます．

監査プログラムとしては，そのときの組織のQMSの運用状況によりさまざまなものが考えられますが，目的別には以下のようにも分類できます．

- 適合性確認型の例：法規制適合，規格適合．例えば，ISO 9001に基づくQMSを構築したばかりの組織であれば，すべてのISO 9001の要求事項への適合を確認する目的から，多少逐条的でもよい．
- リスク発掘型の例：製品品質リスク，組織変更リスク，サプライヤー変更リスクなど，潜在的なリスクを発掘するため，特に変化点に対応して計画

する.
- 課題顕在化型の例:クレーム低減など慢性的な問題の原因を顕在化させる.
- システム改善パフォーマンス向上型の例:品質目標の展開・達成状況など組織全体をとおして PDCA を検証する.

このように,重点志向で,認証周期に合わせて3年サイクルですべての規格要求事項に関連するプロセスの監査プログラムを策定すれば,実効性のある内部監査を実現できるでしょう.経営層を含めて,そのときの組織の状況に応じて,最も有効な監査プログラムを策定すれば,トップマネジメントの内部監査に対する認識度は格段に上がるものと期待できます.自動車セクター QMS の IATF 16949:2016 では,内部監査プログラムの有効性は,マネジメントレビューの対象にもなっています.また,昨今の品質不祥事の潜在リスクを発見するという面からも,内部監査機能がますます重要視されるようになるでしょう.

監査準備とチェックリスト

監査プログラムが決定したら,内部監査の対象にしたプロセスに関する準備作業が必要です.監査対象プロセスで使用されている基準,手順の理解をはじめ,以前の監査(内部,外部)の結果,プロセスのパフォーマンスに関する最新情報の収集,そして,それらをインプットとして監査のためのチェックリストを作成することが効果的な結果を得るために重要です.

監査証拠を得る方法

監査基準に適合していることを実証できる監査証拠(客観的証拠ともいう)を得るには,適切なサンプリングにより,以下のような方法で情報を入手して検証するという方法があります.

- 関係者(責任者，作業者をはじめとした要員など)との面談(質問と聞き取り)
- 現場，現物(プロセスが実行されている場所)の観察
- 文書・記録のレビュー

限られた時間の中で，すべての活動や記録などを見ることはできません．そこで重要なのがサンプリングです．監査するプロセスを代表する内容であること，そして仮説を立てることがポイントです．それは「これがうまくいっていれば，そのプロセスが適切に維持されているであろう」という観点から，最も条件の悪い事例や問題のありそうな案件を選定(サンプリング)するのがコツです．

サンプリング計画はできれば監査準備の中で行うのが効率的です．ただし，監査中に懸念が発見された場合は，その場でサンプリングするということも効果的です．

監査の実施

プロセスアプローチの内部監査では，プロセスの実施状況とアウトプットを検証することが最も重要です．すなわち文書・記録だけの確認でなく，プロセスが実行されている現場で関係者への質問を含めた現物と現実(事実)を見る必要があります．

アウトプットを検証する事例として，現場における作業者の観察で，作業手順が守られていない状況が発見されたら，その作業の結果として，当該の製品に問題が発生していないかどうかを確認することが挙げられます．プロセスの実施状況とその結果の因果関係を確認すること，これがプロセスのアウトプットの検証ということです．

マネジメントレビューを有機的な活動とするために

　ISO 9000 シリーズで,「経営者による見直し」,「マネジメントレビュー」という用語が登場して久しいですが,この本来の意義が何であるか正しく理解されず,審査においては相も変わらず,規格の要求事項どおりの「マネジメントレビューへのインプット」と「マネジメントレビューからのアウトプット」について,項目一覧表を1年に1回作成して示している組織を見かけます.

　まずは,マネジメントレビューは,1年に1回やるものという誤解を解く必要があります.普通の会社なら,経営者は規格の「マネジメントレビューへのインプット」にあるような事項については,1年に1回などという頻度ではなく,日常的に事業活動の中で随時報告を受けていると思います.多くは,会議体(品質会議,経営会議,部門長会議など)で,また中小企業などでは,トップが単独で報告を受け経営上の判断を下すこともあるでしょう.これがマネジメントレビューの原形です.

　このような,日常的に行われている経営者による活動を,例えば「月次マネジメントレビュー」と位置づけ,1年に1,2回というくくりで,年間または半年を「総括レビュー」として組織の次期の QMS 計画に盛り込んでいく仕組みにすると,まさに事業プロセスと QMS との統合が実現できます.

　重要なことは,以下の事項です.

- マネジメントレビューのインプットになる情報の信頼性を,そのプロセスの責任部門が的確にアウトプットすること
- 経営者によるレビュー結果のアウトプット(指示事項など)が組織の活動に落とし込まれること
- それらの活動の PDCA が監視され,次回のレビューで報告(インプット),評価(アウトプット)されること

　こうしたマネジメントレビューこそが望ましい QMS の PDCA となるのです.

最後に，この誤解に対するキーメッセージを**図表8**に整理しておきます．

図表8　内部監査の価値

内部監査が提供する付加価値
• リスクの検出による問題の顕在化 　→ 有効な是正・予防処置へ • プロセス，システムの改善の機会を特定 　→ 改善活動の推進へ • あるべき姿からの乖離の理解 　→ ベンチマーク（目指すべき姿）の明確化 • 有効な監査アウトプット 　→ トップマネジメントに対する的確な提言 • プロセスアプローチ型監査により，プロセス間の相互作用に関する認識向上
トップマネジメントが期待するような「内部監査のアウトプット」を出すことがポイントで，そのためには，ISO 9001：2015で要求されている「事業プロセスとQMSとの統合」と「リスク思考」に基づいて監査プログラムを策定することが重要です．

誤解 11

QMS って，ISO 9001 のことですよね

　「QMS」という用語が出てくると，「それは ISO 9001 のことを言っている」と受け止める方は意外に多くいらっしゃいます．工業製品の大衆化による高度経済成長を支えてきたわが国の品質管理の発展の歴史を学び，またその進化のためにいくばくかの考察をしてきた者として，この誤解の持ち主に出会うと，何とも言いようのない失望感を抱いてしまいます．

　QMS とは，言うまでもなく Quality Management System（品質マネジメントシステム）のことです．意味は，品質のためのマネジメントシステム，あるいは品質マネジメントのためのシステム，というところでしょうか．品質に関わるこの一般名詞を，ISO 9001 という固有名詞の意味だと誤解しているということから，ISO 9001 の本質をも理解していないことが窺い知れ，したがって，品質概念の深遠さ，経営における品質の意義，ISO 9001 の有効活用などについての理解も浅いに違いない，と思ってしまい，それが「言いようのない失望感」につながってしまうのです．

　本章の誤解の解消は，経営における品質マネジメントの意義を理解し，そのうえで ISO 9001 の本質を見極め，その有効活用に結びつける重要な一歩になると信じ，思いを綴ります．

ISO 9000 とは何か

「ISO 9000」には2つの意味が含まれます．第一は，ISO 9000 シリーズというQMSに関する一連の国際規格，とくに ISO 9001 という規格に記述される QMS のモデルという意味です．第二は，ISO 9001 を基準文書として第三者機関が組織の QMS を認証する社会制度という意味です．すなわち，ISO 9000とは，それを端的に表現するなら，「ISO 9001 が提示する QMS モデルを基準とする民間の第三者機関による QMS の認証制度」ということになります．

ISO 9001 規格は，1987 年 3 月に制定，1994 年 7 月に改訂，さらに 2000 年 12 月に大改訂，そして 2008 年に追補改訂，そして 2015 年に大改訂された，QMS に関する一連の国際規格です．

ISO 9000 シリーズを構成する QMS の規格は，ISO 9001 と ISO 9004 の 2 つの系統があります．QMS 認証の基準に使われていることもあり，ISO 9000 シリーズの QMS 規格は ISO 9001 だけと思っている方がいらっしゃるかもしれませんが，もう一つ ISO 9004 という規格もあります．

ISO 9001 は，現在では，QMS 認証制度における QMS の基準文書と位置づけられている規格で，品質保証(確立した要求事項に適合する製品・サービスを提供できる能力があることを実証することによる信頼感の付与)を基礎として，顧客満足，継続的改善，QMS 設計，プロセス重視，リスクの考慮，知識基盤，ヒューマンファクターなどについてある一定のレベルのマネジメントを期待する QMS モデルです．この QMS モデルの範囲(Scope)とレベルをどの程度にすべきかは，QMS 認証において，どの程度の QMS を確立・維持している組織を認証するのが適当と考えるかという経済社会のニーズに応じたものとなります．

これに対し ISO 9004 は，どのような経営環境にあっても持続的な成功を収めるための経営を，品質マネジメントのアプローチ(考え方と方法論)によって実現するための指針という位置づけです．認証基準として用いるのではなく，

組織が自らのマネジメントシステムを構築したり大改革しようとする際の指針であり，推奨事項です．

ISO 9001 という国際規格は，国際的な QMS 認証制度の基準に使われているという理由で，ISO の国際規格の中で群を抜いて売れたモンスター，ISO のメガヒット規格です．現在国際的に運用されている QMS 認証制度は，ISO 9001 を基準文書として，組織の QMS が ISO 9001 に適合しているかどうかを認証機関が審査し，適合していると評価されたとき「認証」する制度です．多くの認証機関がありますので，その認証のレベルの同等性を保証するために，認定機関(日本では JAB)が認証機関の審査能力や機関運営能力を審査・評価したうえで「認定」するような制度設計になっています．

この認証制度の本質は，実は第三者の認証機関によって評価されるところにあります．組織の QMS の構築・運営能力が，その評価能力があり信頼できる認証機関によって評価され認証されていれば，取引を考えるとき，その評価結果を利用することによって，取引先の選択の質と効率を向上することが可能になります．これがうまく機能すれば，取引活性化，経済活性化が期待できます．

認証制度の意義はこれにとどまりません．認証される組織が認証取得にあたって適切な行動をとれば，認証の過程で組織の能力が向上し，経済社会全体のレベルが向上します．

QMS の意義

後述しますが，現在の QMS 認証の基準となっている ISO 9001 は，それほどレベルの高くない QMS モデルです．それでも，これに挑戦する組織の期待には大きいものがあります．その理由は，ISO 9001 が品質マネジメントに関わる規格であるからにほかなりません．ISO 9001 を信奉している方々には大変申し訳ないのですが，ISO 9001 の QMS モデルそのものが素晴らしいからというわけではなく，ISO 9001 が品質マネジメントに関わる規格であり，品質が経営において極めて重要だからなのです．

経営の目的は，製品・サービスを通して顧客に価値を提供し，その対価から得られる利益を原資としてこの価値提供の再生産サイクルを回すことにあると考えられます．品質とは，一般に「考慮の対象についてのニーズに関わる特徴の全体像」と定義されます．実際，ISO 9000 シリーズ規格の初版の用語規格 ISO 8402：1986 ではそのような趣旨で定義されていました．ニーズを抱くのは顧客ですので，品質とは，「製品・サービスを通して提供される価値に対する顧客の評価」と考えることができます．すると，製品・サービスの品質こそが経営の直接的な目的となります．

　これに対し，経営の目的は利益であるという論が一般的です．その利益をあげるためには，何にもまして売上を増すために顧客満足という意味での製品・サービス品質の向上が必須となります．社会・顧客への価値の提供という組織設立の目的を考えるなら，利益をあげることそのものが経営の目的というよりは，顧客に価値を提供し続けるために利益をあげるのだ，と考えるべきです．

　組織は顧客に価値を提供するために設立・運営されます．その価値は，製品・サービスを通して顧客に提供されます．その製品・サービスの品質を確かなものにするためには，それら製品・サービスを生み出すシステムに焦点を当てることが有用です．それが品質のためのマネジメントシステムです．このシステムは，目的に照らして，必然的に，総合的・包括的なものとなり，結果的に組織のブランド価値向上，さらには業績向上につながります．

　ISO 9001 は，限定されているとはいえ，経営において重要な品質のためのマネジメントシステム，すなわち QMS の国際的なモデルです．その QMS の意義を，この用語を構成する 3 つの単語 Quality（品質），Management（マネジメント），System（システム）のそれぞれの意義から考えてみます．

Q：Quality，品質

　経営，組織活動において，何ごとにつけ，「顧客」に焦点を当てるべきです．前述したように，経営の目的は顧客価値提供にあり，そのためのマネジメントとはすなわち「品質マネジメント」にほかなりません．顧客志向の考え方は，

外的基準で物事を考えることであり，それは「目的志向」にほかなりません．経営・管理におけるこの思考・行動様式は，さまざまなよい影響をもたらすに違いありません．

M：Management，マネジメント

品質のよい製品・サービスを提供するには，何よりもその製品・サービスに固有の「技術（＝目的達成のための再現可能な方法論）」が必須です．同時にこれらの技術を生かして，日常的に目的を達成していくことも必要で，その方法論である「マネジメント」の重要性を認識すべきです．また，マネジメントの原則，例えばPDCAを回す，標準化，プロセス管理，事実の重視，改善，原因分析，ひと中心経営などを理解し，その原則に従い合理的，効率的に目的を達成していくことが重要です．

S：System，システム

個人の思い，頭の中の漠とした考えを，目的達成のための仕組み，仕掛けにより，確実に形にしていくことが必要で，この意味での「システム化」に焦点を当てるべきです．「システム」とは，全体としてある目的をもち，多くの要素から構成され，要素間の関係，目的との関係を知って，目的達成，最適化を図るときに使われる用語です．その意味での「システム志向」を重視すべきです．組織全体で目的を達成するために，組織を構成する各部門，各機能，各人の役割を認識し，統合化していくことも必要です．

QMSモデルとしてのISO 9001の位置づけ

ここまで述べてきましたように，品質は，経営の目的である製品・サービスを通して顧客に提供する価値に対する顧客の評価という意味で極めて重要です．この意味で，品質は経営の最重要課題であり，それほど重要なのですが，ISO 9001のQMSモデルは，品質のためのマネジメントシステムモデルとし

ては，実はそれほどレベルは高くはありません．

　2015年改訂版で少しは改善されましたが，ISO 9001の主目的は「品質保証＋α（継続的改善）」です．ここでいう品質保証とは，「品質要求事項が満たされるという確信を与えることに焦点を合わせた品質マネジメントの一部」（JIS Q 9000：2015）となっていて，顧客満足，ひいては顧客の感動を実現するような製品・サービスを実現するというような，われわれが日本語の品質保証という言葉で理解している意味とは大きく異なります．顧客満足という言葉も，英語ではCustomer Satisfactionですが，Satisfactionの動詞はSatisfyであり，これは基準ギリギリで合格することであり，（明示された）顧客の要求を基準ギリギリで合格することを意味します．さらに，顧客に真の意味で満足してもらえる魅力的な製品・サービスを提供するためには，研究開発やマーケティング・商品企画機能が欠かせませんが，ISO 9001では要求されていません．

　ISO 9000シリーズ規格のもう一つのQMSモデルであるISO 9004は，ISO 9001より広く深いQMSモデルです．そして，品質立国日本の実現に寄与した日本のTQC（Total Quality Control：総合的品質管理，全社的品質管理）は，それよりさらに包括的な品質マネジメントの思想であり方法論です．TQCから発展したTQM（Total Quality Management）は，さらにレベルの高い，まさに品質経営というに相応しい品質マネジメントのモデルです．

　こうしたさまざまなスタイルの品質マネジメントの中で，ISO 9001は，国際標準化されたQMS要求事項モデルとして，QMSの基盤になり得ます．少なくとも，これを超えるモデルとしてのISO 9004の指針を参考に，組織は自主的にQMSを構築・運用できます．組織が構築したいのは，さらに上の，競争力のある製品・サービスを提供するための総合的な品質マネジメントシステムのはずです．

　ISO 9001という基盤の上にどのようなQMSを構築するかということが課題であって，ISO 9001こそがQMSの唯一のモデルと考えたり，ISO 9001への適合そのものを目的としてQMSを整備することは，賢いこととは到底いえないのではないでしょうか．

ISO 9001 の QMS モデルや認証制度を，経営の道具・手段としてどのように活用すればよいでしょうか．ISO 9001 の有効活用とは，「組織の目的を達成するうえで，ISO 9001 を基準とする QMS 認証が有している本質・特徴を活用することによって，より効果的，効率的，適切に実現する」ことを意味していると思います．そうであるなら，ISO 9001 の有効活用のためには，以下のような考察が必要となるでしょう．

- 現在および将来の経営環境の認識と対応方針
  → 自社が将来においても事業を継続的に成功させるためには何を実現すべきか．
- 品質に関わる経営目的
  → 品質(ターゲット顧客，提供すべき製品・サービス，製品・サービスの提供を通じた顧客価値の提供)という視点から，自社の経営方針や目標をどう設定すべきか．
- ISO 9001 を基準とする QMS 認証の本質・特徴の理解
  → ISO 9001 に基づく QMS 認証制度のメリットと限界とは何か．
- 目的達成に有効な本質・特徴の選択
  → 自社の経営方針・目標を達成するために，ISO 9001 に基づく QMS 認証制度のどのような特徴を活かせるか．
- 本質・特徴の活用による目的達成の容易化，有効性向上，効率向上
  → ISO 9001 に基づく QMS 認証の特徴の活用によって，自社の経営方針・目標をどのように効率的に達成できるか．

ISO 9000 を知り(ISO 9000 の本質，特徴を知り)，己を知れば(自らの組織の目的を明確化し，問題点を理解すれば)，自ずと道具である ISO 9001 の使い方もわかるはずです．

QMS モデルのいろいろ

ISO 9001 は，ある一つの QMS モデルを提示する国際規格であると申し上

げました．ここで，QMS のモデルのいくつかを紹介しようと思いますが，その前に，「QMS モデル」という意味を広げておきたいと思います．すなわち，QMS モデルを「品質マネジメントシステムを構成する要素と要素間の関係を示すモデル」という意味にとどめず，「品質やマネジメントに関わる基本的考え方，哲学，思想や，それから導かれる重要と考える活動」も意味することにします．

ISO 9000 シリーズの QMS 規格，すなわち ISO 9001 と ISO 9004 については，前述しました．これ以外の QMS モデルについて少し紹介しておきます．

TQM（Total Quality Management）

1980 年ごろ，日本は品質をテコに世界第 2 の経済大国にのし上がります．その日本から世界に発信した品質管理のモデルを概観しておきます．

日本は第二次世界大戦後，米国から品質管理を学びます．最初は SQC（Statistical Quality Control：統計的品質管理）でした．主に製造工程において，統計的手法を活用して，安定した品質を実現しようとする方法論です．1950 年代の品質管理の（三種ならぬ）四種の神器は，「管理図」，「抜取検査」，「工場実験」，「標準化」でした．

米国から学んだ科学性に，管理における人間性への考慮を加え，日本での品質管理は「日本的」になっていきます．1960 年ごろから広まり始めた，そのようなスタイルの品質管理は，TQC（Total Quality Control：総合的品質管理，全社的品質管理）と呼ばれ，時代の進展とともに進化していきます．

実は，TQC という用語は日本発ではありません．米国の GE（General Electric）にいたファイゲンバウム（A. V. Feigenbaum）の命名です．彼は Total を「全部門」の意味で使いましたが，日本は見事な「誤解」をします．すなわち，Total とは，（社長から一従業員まで）すべての階層，（製造のみならず，技術，営業，一般管理を含む）すべての部門，（狭義の品質に限定せず）QCD（品質，原価，量・納期）などすべての経営目標，という 3 つの意味をもたせたのです．

これが，日本の品質管理に「全員参加の改善」という，欧米からは決して生まれてこない管理スタイルが加わる一因となり，管理における人間的側面において世界をリードすることになります．TQC を，一言で表現すれば，「品質」を中核とした，「全員参加」の「改善」を重視する経営管理の一つのアプローチ，となるでしょう．

　1990 年代半ば，世界，とくに米国は，かつての教え子だった日本に学び，品質管理の概念を広げ，TQM（Total Quality Management：総合的品質マネジメント，総合質経営）と呼称を変えます．日本もそれに倣いました．日本の場合には，適用企業によっては，TQC の名の下に，TQM と呼ぶに相応しい品質マネジメントを展開していましたので，TQC と TQM の差について明確に意識することは少なかったかもしれません．

　私は，TQC から TQM への呼称変更に伴う概念整理を依頼され，TQM 委員会なる検討会でいろいろ議論しました．そのころ整理した「TQM の構成要素」は，以下のようなものでした．

- TQM の基本的考え方：品質，管理，人間性尊重など
- TQM のコア・マネジメントシステム：方針管理，日常管理，品質保証システムなど
- TQM 手法：問題解決法，QC 七つ道具，統計的手法，新 QC 七つ道具，QFD，FMEA，FTA，DR など
- TQM の運用技術：導入・推進方法，組織・人の活性化，相互啓発など

思想，システムモデル，手法，運動論までをも含む，非常に広い範囲をカバーする経営モデルであることをご理解いただけるでしょうか．

品質賞

　品質マネジメントのモデルは，品質賞によっても誘導されます．

　日本の代表的な品質賞といえば「デミング賞」です．この賞は，1950 年から 52 年にかけ，日本科学技術連盟（日科技連）の招聘で来日し，品質管理の講義をしたデミング博士（W. E. Deming）との友情を記念して設立された賞で

す．賞は個人と企業に授与されますが，企業への賞は，その後の日本の企業の品質管理の普及・発展に多大な貢献をしました．

デミング賞の受賞の条件は，A)顧客志向の経営目標・戦略の策定，B)その実現に向けた TQM の適切な適用，C)その結果としての目標・戦略について効果，の3点です．

一応は評価基準が定められており，これに沿って採点はしますが，受賞3条件の視点から，その企業の経営環境に応じた適切な TQM が展開され効果があがっているか，換言すれば経営ツールとしての TQM を有効活用しているかを，柔軟に評価します．

デミング賞の上には，かつては「日本品質管理賞」，現在では「デミング賞大賞」と呼ばれる賞があります．デミング賞はレベルの高い賞で，ここに至る中間目標的な賞が必要とのことで，日科技連が「日本品質奨励賞」を設けています．これには，「TQM 奨励賞」という，いわばミニデミング賞と，「品質革新賞」という TQM に関する優れた仕組み・手法・思想の表彰という2つの賞があります．

1980年代，米国は自国の国際的競争力の大幅な落ち込みに対処すべく，2つの国家戦略を策定します．それは「情報技術」と「品質」です．品質について，日本とドイツを徹底的に研究し，1987年のレーガン政権のもと，当時の商務長官の名を冠して，「マルコム・ボルドリッジ国家品質賞(MB 賞)」を創設しました．

審査は，「経営品質」の考え方に基づき，「リーダーシップ」，「戦略策定」，「顧客・市場の重視」，「測定・分析・知識」，「人的資源の重視」，「プロセスマネジメント」，「業績」の7カテゴリー，計1,000点満点で採点されます．この賞の基準は毎年見直され，微妙に変化していきますが，品質マネジメントのモデルとして基本に変わりはありません．

MB 賞は日本生まれの TQC の徹底的研究を通して創設されましたが，TQC の範囲や概念を拡大するものでした．「経営品質」,「顧客満足」,「ベンチマーク」など，TQC で示唆されていたかもしれませんが明示されていなかった，現代

の品質経営の主流になる概念に満ちていました．

MB 賞は，米国産業界に大きな影響を与えた，品質に関わる反攻戦略ともいえるもので，この運動は瞬く間に世界に広がり，まずヨーロッパが反応しました．1989 年，EFQM (European Foundation for Quality Management)で EFQM 賞が設立され，MB 賞と同じ思想の賞が創設され 1992 年から審査が始まりました．

その評価基準は，MB 賞の 7 カテゴリーに対し，駆動源(1. リーダーシップ，2. 戦略，3. パートナとリソース)，4. プロセスと製品・サービス，結果(5. 顧客，6. 従業員，7. 社会)，8. 経営業績，という 8 カテゴリーのモデルになっています．

そして，日本生産性本部が，MB 賞を逆輸入して研究し，1995 年に創設したのが日本版 MB 賞ともいえる「日本経営品質賞」です．この賞の基本的性格は，MB 賞と同じですが，その評価基準は微妙に異なり，また毎年改訂をしています．

JIS Q 9005

いろいろな QMS モデルの話題の最後に，2009 年版 ISO 9004 のベースになった日本発の QMS モデル，JIS Q 9005 を紹介しておきます．この規格は，TQM のマネジメントシステムモデルといえるものです．

ことの発端は，ISO 9000 シリーズ規格の 2000 年改訂の最終段階に遡ります．TQM の JIS 化プロジェクトが発足し，2005 年には初版が発行され，これが ISO 9004：2009 のベース文書になりました．その後 2014 年に改訂されています．

その基本概念は，「品質アプローチによる持続的成功」です．「品質」を製品・サービスを通して顧客に提供した価値に対する評価ととらえ，「持続的」に，すなわちどのような経営環境においても，顧客に受け入れられるという意味での「成功」を実現するためのマネジメントシステムのモデル，という位置づけです．その基本概念は，私たち超 ISO 企業研究会が提唱する「真・品質経営」と同じであり，実際，研究会メンバーが，規格の作成や審議において中心的役

割を果たしました.

　重要なことは，QMS モデルにはいろいろあり，馴染みある ISO 9001 はその一つに過ぎないこと，それよりレベルの高いモデルがいろいろあること，どのモデルも品質を経営の中心・根幹においていること，そして何よりも，これらはモデルに過ぎず，参考にしつつ，自組織が置かれた経営環境に合わせて再構成する必要があるということが重要です．これで行ける，という確信をもてる，自身の組織に合った QMS を構築してほしいと願っています．

誤解 12

ISO 9001 認証を受けた会社は，市場クレームを起こさないんですよね

　この「誤解」を誤解として片づけてよいものかどうか，非常に複雑な心境です．と申しますのは，ISO 9001 を基準とする QMS 認証制度は本来，まともな製品・サービスを提供できる組織の QMS である，とのお墨付きを与える社会制度だからです．市場クレームはおろか，クレームとまではいえない苦情も極めて少なく，もっというなら顧客満足を実現できる組織が認証されていると期待したいからです．この「誤解」が，本書で検討する最後の誤解となりますが，少し紙数をいただいて，この誤解を誤解と切り捨てたくない気持ちをもちつつ，そうはいってもマネジメントシステムの認証制度の本質に関わる限界があることを綴らせてください．本章では，以下の❶〜❸の視点から誤解ともいえない誤解について考察します．

❶　認証制度の本質
- QMS 認証制度とは何か
- 認証制度が有効であるための条件

❷　アウトプットマターズ
- ISO 9001：2015 の Scope（適用範囲）
- ISO 9001 はまともな QMS モデルか

❸　認証審査
- QMS 能力の保証 vs. 結果の保証

- 「QMS能力」の審査

認証制度の本質

QMS認証制度とは何か

認証制度は「基準」と「評価」という2つの要素から構成されます．

「基準」とは，適合性を評価する際の基準を意味します．認証制度の確立によって，その分野が重要であるとの認識が広まります．基準が社会ニーズに合致した妥当なものであれば，その基準が普及しますし，基準の内容や基準の利活用に関する合意形成が促進され，標準化が進みます．

認証の基準に限定せず，一般にこの世に存在するさまざまな基準・指針にはどのような意義があるのでしょうか．基準・指針には，よいもの・よい方法への統一・誘導・規制という働きがあり，これによって2つのことが期待できます．その第一は，「全体最適のための統制」による安全・安心社会の実現です．第二は「グッドプラクティスの共有」による，国力向上，産業競争力強化です．

よいもの，安全・安心なものへの統一や共有によって，生活インフラ，産業インフラ，知識インフラなどの充実，さらに安価なインフラ活用コスト，安価な安全・安心コストが実現できれば，取引の活性化，経済活性化が促進され，産業競争力強化につながると期待できます．いやむしろ，基準・指針は，そのようなねらいをもって策定されるべきです．

もしISO 9001がそのような基準であれば，これに適合している組織のQMSから生み出される製品・サービスが市場クレームを起こすということに釈然としないのは当然で，だからこそ「誤解」と切り捨てたくはありません．

「評価」とは，その基準に対する適合性の評価という意味です．何のために評価するのでしょうか．認証には2つの目的があります．その第一は，基準へ

の適合の公式の証明という形での「能力証明」です．これによって，認証結果を利用する顧客や社会は，認証の対象となっているシステムや製品・サービスを選択する際の質と効率を上げることができます．マネジメントシステム(MS)の場合，取引先を選ぶ際に，認証されている組織を候補とすることによって，効率的に優れた組織を選ぶことができます．製品認証の場合も同様です．どれを選ぶべきか綿密に評価しなくても，認証されている製品から選べば効率的によいものを選ぶことができます．要員も同様です．自分で評価することなく，有資格者から選択することにより，選択の質と効率が上がります．これにより，取引・経済の活性化が期待できます．

　認証の対象となるものにとっては，外部に対する妥当性の証明，透明性の確保，基準適合の訴求という価値があります．認証されている MS，製品，技量は，基準に適合していること，すなわち一定レベル以上の能力を保有していることを訴求できるし，またどのような意味で適合しているのかの説明責任を果たすことによる透明性の確保もできるということです．

　評価の目的の第二は，認証プロセスを通じた認証対象の「能力向上」です．認証において，その準備や認証プロセスの過程で，認証を得るためにさまざまな努力をし，また指摘を受け，対応します．これにより，認証対象そのもののレベル向上，能力向上，ひいては業績向上が期待できます．認証結果の利用者，広くは社会にとってみると，安全・安心，効率，競争力の点で社会・産業のレベルが上がり，国力・産業競争力の向上が期待できます．

　ここで強調しておきたいのは，認証制度の主目的は，第一の目的すなわち「能力証明」にあるということです．そうであるなら，この制度の顧客は，認証結果の利用者，すなわち MS 認証でいうなら認証組織の顧客や社会，製品認証では製品の購入者や将来購入する人々，広くは社会，ということになります．第二の目的は，いわば認証制度の副次効果ともいうべきものです．もちろん，制度設計においては，認証対象のレベルアップも重視しますが，第一義的な目的はあくまでも「能力証明」であることに留意すべきです．

　QMS 認証において証明される「能力」が品質クレームを発生させないよう

なQMS能力であるなら，いま考察している「誤解」は誤解どころか大正解のはずです．なかなか結論を言わずに申し訳ないのですが，後ほど，QMS基準と認証審査の視点から，なぜ認証されたQMSを運用する組織の製品・サービスにも市場品質不良が発生するか，考えてみたいと思います．

よいもの・よい方法への誘導

「認証」は，よいもの・よい方法の適用への誘導の手段としてどう位置づけられるのか，整理しておきたいと思います．この世では，さまざまな人や組織がさまざまな活動を行います．そうした社会において，よいものやよい方法への誘導にはどのようなやり方があるのでしょうか．

その第一は「市場原理」です．経済原理，または他の利益誘導によって，自由な市場においては自然淘汰により市場が望むものが優勢になっていきます．この原理によって，本当によいものが優勢になっていくためには，購入者・顧客など市場における意思決定者の鑑識眼が重要な条件になります．

ところが，市場原理には2つの弱点があります．第一に，とかく顧客というものは「裸の王様」であり，正しいものを選ぶとは限らないということです．政体として理想的なのは自由な民主主義でしょうが，民主主義は衆愚政治と紙一重です．ギリシャの直接民主主義におけるよい時代であったペリクレス時代といわれる30年間は，実は民主政体の体をなした独裁ともいえるものでした．このような例を出すまでもなく，公序良俗に反する製品・サービスを求めるよからぬ市民が少なからずいることからも，市場原理がいつでも最適とはいえません．市場原理のもう一つの弱点は，市場の意思が確かなものでなく，また変化するため，よいものに落ち着くのに時間がかかることがあるということです．

第二の方法は，たぶん「提供者の見識」です．「たぶん」としたのは，提供者の見識を信頼できない場合も多々あるからです．しかし，市場や顧客の真のニーズを斟酌する見識ある提供者がいれば，よいものが提供され，それを利用

する者の鑑識眼が肥えてきてよいものが大勢を占めていくというポジティブ・サイクルが成立すると期待できます．

この方法が成り立つためには，提供者の見識そのものが鍵です．短期的・狭視野で，人を騙してでも儲けようと考える提供者ではダメです．長い目で見て，見識ある顧客，市場に受け入れられなければその分野の発展はない，と理解し行動できる提供者が必要です．

第三の方法は，「指針・基準」あるいは BOK（Body of Knowledge：知識体系）」などです．私的な情報でも，組織内の指針・標準でも，学協会発行の指針・基準・BOK でも，業界の標準・指針でも，あるいは国家標準や国際標準でも，さまざまな対象に対して何らかの形で社会に提供される指針・基準・BOK などによる，有用な知識の普及，ベストプラクティスの共有の支援です．

提供される知識がよいものであれば，これによって知識インフラのレベルは向上し，社会全体が賢くなる可能性があります．これが成立するためには，提供される知識そのものの内容の質が高くなければなりません．国家標準や国際標準などでは，公表に至るプロセスの妥当性を保証することによって知識コンテンツの質を保証しようとしていると考えることができます．

第四の方法が，（民間の）認証です．第三の方法で言及した指針・基準の存在にとどめずに，それを基準として，公正・公平な評価能力のある者が評価して基準適合を公式に証明しようとする制度です．評価や判定の能力に対する信頼感があれば，十分に機能する方法といえます．いま私たちは，QMS に関する「よいもの・よい方法」への誘導が，QMS 認証によってどのくらい効果的に実現できるのか考察していることになります．

第五の方法が「法的規制」です．任意の評価制度を強化し，適合していなければ社会への提供が許されない，強制の評価制度です．これにより，邪悪の抑制，安全・安心の確保が可能となります．

この考察からわかるように，認証制度は，規制ほどではありませんが，よいもの・よい方法に，かなり強く誘導する社会制度であると位置づけられます．

有用な認証制度の4条件

　さて，前述したような性格を有する認証制度が，社会にとって有用である4つの条件について考えてみます．新たな認証制度の設計や，現行の認証制度の変更にあたって考慮すべき側面ともいえます．

　第一は「認証基準の妥当性」です．その評価対象分野に対する社会ニーズがなければなりません．認証基準の範囲（Scope）とレベルが適切でなければなりません．例えば，ISO 9001：2015は現在の経済社会ニーズに応えるものでなければなりません．後ほど検討しますが，ISO 9001のScope（適用範囲）や要求事項のレベルが社会ニーズに合致していなくてはなりません．市場クレームを発生させないQMSであるかどうかで認証の授与を決めることが社会ニーズであるなら，現在のQMS認証は，基準であるISO 9001も認証プロセスも，根底から考え直さなければならなくなります．

　第二は「基準適合行動の適切性」です．認証を取得したいと考える組織が，認証基準の意図を正しく理解し，適切に行動し，基準に適合するQMSを実現しなければなりません．二枚舌で認証を取得するなどもってのほかです．

　第三は「認証プロセスの適切性」です．評価基準，評価者，評価計画，評価方法が適切でなければなりません．評価・検証・審査の技術の確立も必要です．評価者は，それに従って的確に評価しなければなりません．評価結果には権威があり，正式・公式と認められ，信頼されるものでなければなりません．また，認証プロセスの透明性もある程度確保され，説明責任を果たせなければなりません．さらに，評価そのものばかりでなく，認証の授与や維持の判断の適切性もまた重要です．

　第四は「認証結果活用の適切性」です．認証対象組織の顧客や社会などの評価結果の利用者は，選択・取引の質と効率の向上などのために，証明された「能力」を有効活用していただかなければなりません．自らの選択，能力証明された方は，評価で保証される「能力」を適切に訴求しなければなりません．

これらは，評価の価値，適合性評価ブランドなどを考えるときに焦点を当てるべき事項です．

QMS 認証の効果

認証制度の社会的意義について考察した際に，目的の第一が「能力証明」にあり，これによって選択の質と効率の向上，取引活性化が期待できること，第二の目的が認証プロセスを通じての認証対象の「能力向上」にあり，これによって国力・産業競争力の強化が期待できると申しました．

以下の**図表9**は，QMS認証について，「能力証明」および「能力向上」という2つの目的で，さまざまな立場の関係者にどのような価値を与え得る制度であるかを示したものです．

図表9　QMS認証の価値

目的 立場	能力証明(認証結果の利用)	能力向上(認証の副次効果)
提供組織	・QMS能力(経営管理能力)の訴求 ・製品品質(製品競争力)の訴求 ・QMS(経営システム)の透明性確保 ・第二者監査の削減によるコスト低減	・QMS能力(経営管理能力)の向上 ・製品品質(製品競争力)の向上 ・業績の向上
業界	・業界のQMS能力の訴求 ・当該事業分野の製品の優秀性の訴求	・当該事業分野の製品レベルの向上 ・業界全体のレベルの向上
サプライ チェーン	・取引の質・効率の向上 ・取引の活性化	・取引の質・効率の向上 ・川下の製品の競争力向上
購入組織	・供給者組織選択の質・効率の向上 ・購買管理プロセスの質・効率の向上 ・供給者QMSの透明性向上による購買管理の充実	・供給者組織・パートナーのレベルの向上 ・購買製品の競争力向上 ・購入者自身の製品競争力向上
最終顧客 社会	・良質製品の入手可能性の向上 ・経済の活性化	・製品・サービスレベルの向上 ・国力・産業競争力の向上
事業支援 (保険・融資)	・支援対象者(投資先，被保険者)選択の質・効率の向上	・妥当・合理的な支援(価格，条件等) ・被支援者(提供組織)の能力向上
行政	・民間の評価能力活用による規制緩和	・政治・行政の効率向上

製品・サービスの提供組織にとっては，QMS（≒経営管理システム）能力，製品競争力が向上し，またその優秀さを訴求することができます．また，取引先ごとに要求される第二者監査の一部を第三者認証で代替することによるコスト低減も期待できます．こうしたことの総合結果として，業績向上を期待できます．

　一つの組織ではなく業界の多くがQMS認証を取得すれば，その事業分野全体の製品・サービスのレベルが向上し，業界全体のレベルアップにつながるとともに，その優秀性を訴求できます．業界全体の地位向上，小さなパイの取り合いではなく，パイ全体を大きくするためにこの制度を利用することができます．より切実な事業環境として，ニーズを満たす手段が複数あり，実現手段の間に競争があるとき，業界を挙げて認証を取得することがその業界全体の競争力向上につながることが考えられ，競争の中の共同歩調ともいうべき戦略にもなり得ます．

　業界という水平方向ではなく，取引の垂直方向，すなわちサプライチェーンを構成する一連の組織が認証を取得することにより，垂直方向の一連の取引の質と効率が向上し，取引の活性化を期待できます．結果的に最終製品に近い川下の製品の競争力が向上し，それは供給者である川上の組織の繁栄をもたらすことにつながります．こうした仕組みを業界全体で適用することもあり，いわば水平・垂直両方向から，安全・安心のため，またはその製品・サービス群に対する信頼性確保・地位向上のために，業界を挙げた事業基盤強化策として導入されることもあります．TL 9000（電気通信産業品質マネジメントシステム認証）にはそのねらいがありました．

　立場を変えて，製品・サービスの提供組織から調達する購入組織の側から考えてみると，経営において重要な購買機能のレベルアップを期待できます．まず，供給者組織の選択の質と効率を向上できます．広範囲の供給者候補の能力を詳細に調査・評価することなく，優秀な候補者に絞り込むことができます．こうして，認証制度を活用することによって，購買管理プロセスの質と効率を向上できます．さらに，供給者のQMSの透明性の向上により，重要なプロセ

スの管理や，問題発生時の適時的確な解決・是正など，購買管理の充実を期待できます．そればかりでなく，供給者組織のレベル向上，購買製品の競争力向上（安価で良質な製品）により，購入者自身の製品競争力の向上も期待できます．

　購入者の業界が歩調を合わせ，自らの業界の事業基盤強化のために供給者業界にこの認証制度を導入することもあります．これは，購入者・供給者の双方にとって供給者評価に要するコスト低減をもたらします．自動車部品，航空宇宙の分野でのセクター規格を基準にした認証制度はその好例といえます．このように，QMS認証制度とは，直接的には，購入者のための制度であって，優秀な供給者から安価で良質な製品を購入するための産業基盤となる社会制度と位置づけられます．

　「購入者」の項では，暗に組織間の取引における購入者を想定して認証制度の効果を考察しました．B to BではなくB to Cの関係，すなわち製品・サービスの最終的な受取り手である一般消費者にとってはどのような効果が期待できるのでしょうか．まず，製品認証ほど明確ではないにしても，製品・サービスの入手にあたり，優れた提供組織を容易に絞り込むことができ，品質のよい製品を購入できる可能性が高まると期待できます．視野を広げて，どのような社会になっていくかと考えると，優れた組織が増え，製品・サービスのレベルが向上することにより，経済の活性化が進み，国力・産業競争力の向上が期待できます．

　事業にはさまざまな支援が必要です．融資や保険などの事業者の立場からは，投資先や被保険者を選ぶ際に，選択の質と効率を向上できます．すなわち投資のしがいのある確実に返済してもらえる優秀な組織に投資できるし，保険リスクの小さい優れた組織に対する保険を引き受けることができるようになります．さらに，それら支援対象者のレベルに応じ，融資の利率や保険料率などを，適切に有利な条件にすることも可能で，実はこの誘導によって被支援者（提供組織）の能力が向上することも期待できます．

　規制や許認可の行政の立場から見ると，認証制度のような民間の任意の評価

能力を活用することにより，規制緩和が進み，規制・許認可そのものの仕組みの効率が向上する可能性があります．もちろん行政にとってみれば，民間に任せるのですから政治や行政の効率向上が期待できます．

MS認証は，「マネジメント」というわけのわからない機能のための，これまたわかりにくい「システム」に関する適合性評価制度です．QMS認証は，MSのなかでも組織の事業活動から生み出される製品・サービスの品質のためのシステム能力について評価しますので，実は，さまざまな評価対象が備えるべき「能力」の基盤をなすものとなります．どのような分野の認証であれ，そのシステム基準(ISO 9001のQMSモデル)は常識として知っているべきです．

アウトプットマターズ

ISO 9001の適用範囲

本章の冒頭において，この「誤解」を誤解として片づけてよいものかどうか，非常に複雑な心境と申し上げました．その理由の一つが，ISO 9001：2015の適用範囲の記述にあります．以下のように規定されています．

1　適用範囲
　この規格は，次の場合の品質マネジメントシステムに関する要求事項について規定する．
a)　組織が，顧客要求事項及び適用される法令・規制要求事項を満たした製品及びサービスを一貫して提供する能力をもつことを実証する必要がある場合．
b)　組織が，品質マネジメントシステムの改善のプロセスを含むシステムの効果的な適用，並びに顧客要求事項及び適用される法令・規制要求事項への適合の保証を通して，顧客満足の向上を目指す場合．

誤解12　ISO 9001認証を受けた会社は，市場クレームを起こさないんですよね　125

> この規格の要求事項は，汎用性があり，業種・形態，規模，又は提供する製品及びサービスを問わず，あらゆる組織に適用できることを意図している．

どのような規格も，その本文は，その規格がどのような場合に適用されるかを規定する「Scope（適用範囲）」から始まります．どのような規格であるかを定義，規定，宣言しておかなければ，その規格をどう使ってよいものかわからないからです．

まず，最後の一文で，この規格には汎用性があり，どのような製品・サービスを提供する組織にも適用できると高らかに謳っていることにご注目ください．

次に，a）項を見てください．要求に適合する製品・サービスを提供する能力があることを「実証」するときに，この規格が適用されるのだ，といっています．すなわち，自らの組織にそのような能力があると訴求するときに適用される規格ということになります．さらにb）項は，この規格が規定するQMSモデルの目的が「顧客満足の向上」にあるといっています．

ISO 9001における「顧客満足」は，私たちがこの語から受ける印象とは少し異なっていて，提供された製品・サービスに対する顧客の受け止め方（perception）です．「満足」というと，基準をはるかに超えて十分に満たすという意味だと思うかもしれませんが，"satisfaction"というのは，基準を超えていて，充足しているという程度の意味です．この感覚は，何かを評価するときの"satisfactory"がどの程度のものかを考えればわかると思います．本当によければ"excellent"というに違いありません．「どうだ？」と言われて"satisfactory"と答えるときは，「ギリギリ合格」という程度ではないでしょうか．それでもここで重要なことは，レベルはそこそこでも，「顧客の評価」を問題にしているということです．ISO 9001は，「顧客の評価基準」で受入れ可能なレベル以上の製品・サービスを提供できるようなQMSでありたい，といっているのです．

さてそこで，もう一度 a) 項をお読みください．ISO 9001 を適用すると，要求に適合する製品・サービスを一貫して提供できる能力があることを実証できることになります．ということは，この規格を適用し，ISO 9001 の箇条に適合していても品質クレームを発生させてしまうとすると，ISO 9001：2015 の要求事項はこの適用範囲 a) 項を実現するようなものではない，ということになります．これが，「Output Matters：アウトプットマターズ」という厄介な問題提起です．この問題提起は，ISO 9001 の 2008 年版の改訂審議の最終段階で出てきました．

アウトプット問題

Output Matters を日本語訳すれば，「アウトプット問題」とでもなるのでしょうか．「手段である QMS 基準に適合しても，アウトプットが保証されないのでは規格の Scope に反するから，望ましい結果が得られるような QMS 規定に書き換えなければならない」という，まさに「ちゃぶ台返し」の議論が出てきたのです．この問題提起にまともに取り合っていたら，ISO 9001 改訂にあと何年かかるかわかりませんでした．仕方がないから，すべての箇条で何らかの要求事項を規定するとき，「期待した成果，意図した結果，所望の結果が得られるような (得られるように)」という形容詞句・副詞句を追加しよう，なんていう意見が真面目に議論されました．「所望の結果が得られるように」を各箇条の要求事項に散りばめることによって，もし問題が起きれば，それは ISO 9001 の要求事項の不備ではなく，「所望の結果が得られるように○○をしなければならない」という要求事項に適合していない，と責任を回避することができます．

実は，この問題提起は，ISO 9001 を基準とする QMS 認証制度において，「その効果が見えないではないか」という，認証制度の監視役ともいえる認定機能に関わる国際的な集まりである IAF (International Accreditation Forum) の指摘が発端になっています．IAF はこの指摘を，思いつきではなく，QMS

認証組織の顧客や利害関係者に対する調査に基づいて行いました．そして「認証審査において，認証されたマネジメントシステムからのアウトプットを考慮した審査になっていない」と苦言を呈したのです．2007年のことでした．

ISO 9001の審議はTC 176で行っていますが，規格はISO (International Organization for Standardization)の名前で発行していますので，IAFとISOは，2009年に，"Expected Outcomes"と呼ばれる，「ISO 9001の認定された認証に対して期待される成果」という共同コミュニケを発行しました．ISO 9001の2008年版発行のあとです．

その共同コミュニケには，認証された組織の顧客にとって，何が「期待される成果」であるかについて，以下のような記述があります．

ISO 9001への認定された認証に対して期待される成果
(組織の顧客の視点から)

ISO 9001に対する認定された認証が意味しているもの

　適合製品を得るために，認定された認証プロセスは，組織がISO 9001の適用される要求事項に適合した品質マネジメントシステムをもっている，という信頼を提供することを期待されている．具体的には，組織は，次の事項が期待されている．

A．製品及びプロセスに適し，認証範囲に適切な品質マネジメントシステムを確立してきていること．

B．その製品に関連する顧客ニーズ及び期待，並びに適用法令・規制要求事項を分析及び理解していること．

C．製品特性が顧客要求事項及び法令・規制要求事項を満たすように規定されてきていることを確実にすること．

D．期待されている成果(適合製品及び顧客満足の向上)を達成するために必要なプロセスを明確にしてきており，運営管理していること．

E．これらのプロセスの運用及び監視を支援するために必要な資源が利用

できることを確実にしてきていること．
 F．定められた製品特性を監視及び管理（コントロール）していること．
 G．不適合防止を目指すこと，及び，次を実施するための体系的な改善プロセスが置かれていること．
  1．生じてしまう不適合は全て修正すること（引渡し後に検出された製品の不適合を含む）．
  2．不適合の原因を分析し，再発を防ぐための是正処置をとること．
  3．顧客からの苦情に対応すること．
 H．有効な内部監査及びマネジメントレビュープロセスを実施してきていること．
 I．品質マネジメントシステムの有効性を監視，測定及び継続的に改善していること．

ISO 9001 に対する認定された認証が意味していないもの
 1） ISO 9001 は，組織の品質マネジメントシステムに関する要求事項を規定しているものであり，その製品に関する要求事項を規定するものではないことを認識することが重要である．ISO 9001 への認定された認証は，組織が，「顧客要求事項及び適用される法令・規制 要求事項を満たした製品を一貫して提供する」能力に対する信頼を提供するべきである．組織が常に 100％製品適合を達成することは，勿論，恒久的な到達目標であるべきだが，それを必ずしも確実にするものではない．
 2） ISO 9001 の認定された認証は，その組織が優れた製品を提供していること，又は製品自体が，ISO（又はその他）の規格又は仕様の要求事項を満たしているとして認証を受けていることを意味するものではない．

これをご覧になると，システム（QMS）でその結果（QMS のアウトカム）を保証することの意味や，システム（QMS）の構築・運営・改善によって，その出力（製品・サービスの品質）を保証することの意味や難しさがにじみ出ていることがおわかりいただけると思います．

認証されているということはすなわち，まともな QMS が構築されていることを意味しているということが，A〜F，H〜I から読み取れます．しかし，G では，不適合防止を「目指す」こと，不適合や顧客からの苦情にきちんと対応する，とありますので，きちんとした QMS を構築しても不適合が発生する可能性があることを覚悟しなければなりません．そして，「認証」が意味していないものとして挙げている 1)〜2)から，QMS からのアウトプットである製品・サービスが完全であることは，これを目標とはするが実現できるとは限らない，とあります．さらに，QMS 認証が，製品認証を受けていることは意味しないと記されています．

ここに，私がこの「誤解」を誤解といいたくないといいつつも，システムの意義を訴えたいという想いが凝縮されています．システムで結果を完全には保証できない苦しさ，限界を感じつつも，それでもシステムによって結果のレベルを向上できるという厳然たる事実を訴えたいのです．

ISO 9001：2015 への反映

その少しあと，多様なマネジメントシステム規格の整合性を図ろうという機運が起こり，ISO/IEC の指針の附属書の付録に，今後発行されるマネジメントシステム規格（Management System Standard：MSS）の構造（章節構成），用語，要求事項の整合を図るための指針が作成されました．いわゆる，「附属書 SL」と称するものです．そもそもの草案は，TC 176/SC 2 の事務局の Charles Corrie 氏と，やはり SC 2 で活躍した，いまは亡き Jim Pyle 氏によります．

当然のことながら，それが ISO 9001：2015 に活かされました．2015 年版において，何かと「パフォーマンス」への言及が多くなるのは，その影響です．該当する箇所を，いくつか ISO 9001：2015 から拾ってみましょう（引用部の下線は著者による）．

4.4 品質マネジメントシステム及びそのプロセス
4.4.1
　組織は，品質マネジメントシステムに必要なプロセス及びそれらの組織全体にわたる適用を決定しなければならない．また，次の事項を実施しなければならない．
c) これらのプロセスの効果的な運用及び管理を確実にするために必要な判断基準及び方法（監視，測定及び関連するパフォーマンス指標を含む．）を決定し，適用する．

5.3 組織の役割，責任及び権限
　トップマネジメントは，次の事項に対して，責任及び権限を割り当てなければならない．
c) 品質マネジメントシステムのパフォーマンス及び改善（10.1参照）の機会を特にトップマネジメントに報告する．

7.2 力量
　組織は，次の事項を行わなければならない．
a) 品質マネジメントシステムのパフォーマンス及び有効性に影響を与える業務をその管理下で行う人（又は人々）に必要な力量を明確にする．

7.3 認識
　組織は，組織の管理下で働く人々が，次の事項に関して認識をもつことを確実にしなければならない．
c) パフォーマンスの向上によって得られる便益を含む，品質マネジメントシステムの有効性に対する自らの貢献

8.4 外部から提供されるプロセス，製品及びサービスの管理

8.4.1　一般
　組織は，次の事項に該当する場合には，外部から提供されるプロセス，製品及びサービスに適用する管理を決定しなければならない．
c)　プロセス又はプロセスの一部が，組織の決定の結果として，外部提供者から提供される場合
　組織は，要求事項に従ってプロセス又は製品・サービスを提供する外部提供者の能力に基づいて，外部提供者の評価，選択，<u>パフォーマンス</u>の監視，及び再評価を行うための基準を決定し，適用しなければならない．組織は，これらの活動及びその評価によって生じる必要な処置について，文書化した情報を保持しなければならない．

8.4.3　外部提供者に対する情報
　組織は，次の事項に関する要求事項を，外部提供者に伝達しなければならない．
e)　組織が適用する，外部提供者の<u>パフォーマンス</u>の管理及び監視

9　<u>パフォーマンス</u>評価
9.1　監視，測定，分析及び評価
9.1.1　一般
　組織は，品質マネジメントシステムの<u>パフォーマンス</u>及び有効性を評価しなければならない．

9.1.3　分析及び評価
　分析の結果は，次の事項を評価するために用いなければならない．
c)　品質マネジメントシステムの<u>パフォーマンス</u>及び有効性
f)　外部提供者の<u>パフォーマンス</u>

9.3　マネジメントレビュー

9.3.2 マネジメントレビューへのインプット

　マネジメントレビューは，次の事項を考慮して計画し，実施しなければならない．

c) 次に示す傾向を含めた，品質マネジメントシステムのパフォーマンス及び有効性に関する情報

　　3) プロセスのパフォーマンス，並びに製品及びサービスの適合

　　7) 外部提供者のパフォーマンス

10　改善

10.1　一般

　組織は，顧客要求事項を満たし，顧客満足を向上させるために，改善の機会を明確にし，選択しなければならず，また，必要な取組みを実施しなければならない．

　これには，次の事項を含めなければならない．

c) 品質マネジメントシステムのパフォーマンス及び有効性の改善

　いかがでしょうか．ISO 9001：2015 が，いやマネジメントシステム規格がそのアウトカムを保証できるようなまともな規格であるために苦労している状況が窺い知れるでしょうか．この「システムで結果を保証する」というお題については，認証審査と絡めてさらに検討したいと思います．

　その前に，関連する話題である「品質保証」について少し考察しておきたいと思います．

品質保証

　ISO 9000 シリーズが普及し始めたころ，日本においてある種の混乱，ある種の誤解が生じました．わが国の近代の品質管理は，第二次世界大戦後に始まりました．そうした歴史や基本的考え方をあまりご存じなく，ISO 9000 の世界こそが品質管理の本丸と思いこみ，妙な持論(≒誤った解釈)を展開する ISO

のプロを自称する方々も出てきて，善良な子羊たちを混乱させもしました．

その一つが「品質保証」の意味であったろうと思います．ISO 9000 シリーズ規格を審議する ISO/TC 176 のタイトルは，"Quality management and quality assurance"（品質マネジメント及び品質保証）です．なぜこのようなタイトルとなっているか，不思議に思いませんか．ISO 9000 シリーズ規格が使う，品質の運営に関する用語としては，quality management（QM：品質マネジメント），quality control（QC：品質管理），quality assurance（QA：品質保証），quality improvement（QI：品質改善）があり，QM = QC + QA + QI という式でこの四者の関係を説明していました．

ISO 9001 〜 9003（後に ISO 9001 に一本化）が品質保証のシステム規格，ISO 9004 が品質マネジメントのシステム規格という位置づけでした．ISO 9001 は，初版（1987 年版），2000 年版，そして 2015 年版と大改訂をするたびに性格を変えてきました．初版は，二者間取引において購入者が供給者に要求する品質保証システム要求事項でした．2000 年版で品質マネジメントシステムの最低限の要求事項（minimum requirements）と性格を拡大しましたが，その基本が品質保証のためであることに変わりなく，明らかに ISO 9004 よりは狭い範囲，低いレベルのマネジメントシステムモデルでした．2015 年版で，その最低限の要求レベルに確実に応えてもらうために，QMS の自律的設計・構築（箇条 4）など，2000 年版で示唆されていた要求を満たすための方法が規定されるようになりました．

QM，QC，QA，QI という 4 つの用語の中で，わが国が使ってきた同じ用語と意味が大きく異なるのは，QC と QA です．

QC は，ISO 9000 シリーズでの用語法では，抜取検査，デザインレビュー，手順書，内部監査などの，品質管理手法や品質管理活動要素というような意味です．わが国は 1950 年代から，品質管理をずっと広い概念と受けとめ，QC という用語を，ISO 9000 でいう QM と同じような意味で使っていました．ISO 9000 が日本に導入された当初，この QM と QC の訳語に困り，QM を「品質管理」，QC を「品質管理（狭義）」などとしてみました．当時は，QM を

「品質経営」というのはおこがましいと感じたからです．そのうちに，日本語お得意の外来語をそのままカタカナ表記にする方法を採用して，「品質マネジメント」を訳語にあて，繰り返し使っているうちに違和感がなくなり，いまでは management を「マネジメント」，control を「管理」と訳すようになりました．

ISO 9000 でいう QA とは，基本的に「合意された仕様通りの品質の製品・サービスを提供する能力の実証による信頼感の付与」という意味です．この意味の本質を理解するためのポイントは 2 つあります．第一は「仕様通りの」です．そして第二は「実証による」です．一読すると「信頼感の付与」という美しい用語に惹きつけられますが，何に関して信頼感を与えるか，どのようにして信頼感を与えるかの 2 点に注目すれば，「仕様」と「実証」が信頼感の実像を示していることがわかります．ISO 9000 でいう QA の意味を確認する前に，わが国が品質保証という用語をどう理解し使ってきたかをご紹介します．

日本における品質保証の意味

わが国における近代の品質管理の歴史の中で，「品質保証」という用語がブレイクしたときがあります．それは 1960 年ごろのことです．そのころ，「品質管理のドーナツ化現象」といわれる現象が生まれました．ドーナツ化とは「中心がない」という意味です．日本は，戦後米国から品質管理を学び，電気・機械・化学製品分野で「SQC（Statistical Quality Control：統計的品質管理）」をコアにして，これに人間的側面への考慮を加えて熱心に推進してきました．しかし，品質抜きの品質管理が目につくようになったとのことです．品質管理の手法を使って，原価低減，在庫削減，生産性向上などの改善が盛んに行われるようになりました．

原価，在庫，生産性の問題は，元を正せば品質問題に起因することが多く，何であれ経営改善に貢献するなら，間違っているということはありません．しかしながら，深因である品質問題の解決というより，その問題に直接効いてい

る要因を特定して改善を図るようなアプローチに対し，品質管理のあり方としてこれでよいのかという問題提起があったそうです．品質管理は，品質を維持し向上することに中心を置く活動にすべきだという見解です．

そこで，品質のための品質管理，品質中心の品質管理を進めようということで，「品質保証」という用語を使い始めたとのことです．そして，品質保証とは「お客様が安心して使っていただけるような製品・サービスを提供するためのすべての活動」を意味し，それは「品質管理の目的」であり，「品質管理の中心」であり，「品質管理の神髄」である，などといわれました．

ISO 9000 の世界での品質保証

従来の日本での「品質保証」は，ISO 9000 でいう品質保証(quality assurance)とは，ずいぶん意味が違います．ISO 9000 が日本に入ってきた当初は，少し混乱がありました．日本人が胸を張って，「わが社はスゴイ品質保証をしている」と言っても，欧米人には何を自慢しているのか通じませんでした．日本人は，総合的な品質保証，品質管理，品質経営を自慢しているのですが，欧米人から見れば，品質保証をきちんとするとは，仕様どおりに作られていることの証拠の提示みたいなものですから，そんなことは当たり前で，「いったい何を自慢しているんだ」ということになります．

日本での品質保証の意味は，お客様との間で明示的に約束しようがしまいが，とにかく徹底的に満足させてやろうとすることですが，ISO 9000 での意味は，合意した品質レベルの実現です．もう一つの違いは，実証です．「信頼を与える」という表現から，非常に美しい取引関係を想定するかもしれませんが，ISO 9000 では，実証することによって信頼感を与えるという意味です．

これから提供する製品・サービスについて実証しなければなりませんので，提供システムが妥当であることを訴えなければなりません．「私たちはこういう仕組み，プロセスをもっているから大丈夫です．その証拠に品質保証体系図，プロセス仕様書があります．それらは，国際標準に準拠しています．それ

に加え，決められたとおりに実施しています．その証拠に記録があります．どうぞ見てください」というわけです．証拠を示すことによって「これからもずっとできます．信頼してください．契約してください」と訴えること，これが ISO 9000 でいう品質保証です．

　1960 年当時の「ドーナツ化現象」の反省は貴重だったと思います．品質管理という方法論を勉強してきた人々は，このころ「この思想・方法論を原点に返って品質のために使おう，本当にお客様が喜ぶものを作っていくために使おう」と再確認したのですから．近代の品質管理の本格的適用の約 10 年目にして，品質回帰（原点回帰）のような現象が起きたことは素晴らしいことでした．

　真の顧客満足のためには，仕様どおりの製品の提供では不十分で，ISO 9001 をベースにして，日本的な意味での品質保証のための QMS を構築すべきでしょう．これこそが ISO 9001 の有効活用の第一歩ではないでしょうか．にもかかわらず，サーベイランスで不適合の指摘がなければそれでよいと考える方が少なからずいるというのは，何とも日本も衰えたものだと思います．

「品質を保証する」とは何をすることか

　「品質保証」の名の下に何をするか，要は「保証する」とは何をすることか考えてみます．私たちは，ときに「業務の品質保証」とか，「仕事の質を保証する」なんてことをいいますが，それが何を意味しているのか，考察してみます．

　「品質を保証する」とは，品質について「顧客に信頼感を与えることを請け合う」ことだと思います．ISO 9000 の世界では，信頼感を与えるために，仕様どおりの製品を提供できる能力があることを「実証」することに力点を置きます．そして，手順の存在の証拠としての手順書，実施した証拠としての記録など文書類が重要視されます．自分がまともであることを証明・説明することが基本です．

　日本で品質保証という用語が広まる契機になった，誠実な品質保証のために

何をすべきかという点ではどうでしょうか．信頼感を与えるためには，はじめから品質のよい製品・サービスを提供できるようにすることと，もし万一不具合があった場合に適切な処置をとることの2つからなると考えられます．

はじめから品質のよい製品を提供できるようにするには，手順を確立する，その手順が妥当であることを確認する，手順どおりに実行する，製品を確認するという4つの活動になるでしょう．何かあった場合の対応は，応急対策と再発防止策に分かれます．これらを以下にまとめておきます．

「品質を保証する」とは

1. 信頼感を与えることができる製品を顧客に提供するための体系的活動
    1.1 顧客が満足する品質を達成するための手順の確立
    1.2 定めた手順どおりに実施した場合に顧客が満足する品質を達成できることの確認
    1.3 日常の作業が手順どおりに実施されていることの確認と実施されていない場合のフィードバック
    1.4 日常的に生産されている製品が所定の品質水準に達していることの確認ならびに未達の場合の処置
2. 使用の段階でメーカー責任のトラブルが生じた場合の補償と再発防止のための体系的活動
    2.1 応急対策としてのクレーム処理，アフターサービス，製造物責任補償
    2.2 再発防止策としての品質解析と前工程へのフィードバック

---

2. のほうは，応急処置・影響拡大防止と再発防止・未然防止の，2つの対応のことをいっています．では，はじめから品質のよい製品を提供する仕組みについての1.1～1.4は，何をいっているのでしょうか．

1.1は，手順，プロセス，システムを作れといっています．また，1.2はその手順でまともな製品が提供できることを確認しておけといっています．実は，これらは難しいことです．論理的にこの手順でよいことをいうか，過去の経験

から致命的な問題が起きていないことをいうか，手順，プロセスの要素としてよいとされているモデルを適用していることをいうか，あるいはそれこそ ISO 9001 に適合しているというか，いろいろ考えられます．

　1.3 は，決められたとおりに実施するようにといっています．そして，本当にルールどおり実施していることを確認しなければなりません．ここに ISO 9001 の認証の使い道があるかもしれません．ISO 9001 は，結局は「決める，実施する，確認する」です．決めた内容が適切なら，やるべきことを実施する仕組みの基盤として使えます．やるべきことを実施するのは，簡単に見えて実は難しいことですから，その意味で ISO 9001 は有用といえます．

　1.4 は，要するに実物で確認せよといっています．正しいはずの仕組みどおりに実施して生み出されたものが期待どおりかどうか，現物で確認するということです．いわゆる検査がそれに当たるでしょう．

　品質保証には，こうした全組織を挙げた体系的な活動が必要だということです．普通の組織には，どの部門がいつ何をするかの概略フロー図のような感じの品質保証体系図があります．通常の工業製品であれば，マーケティング・商品企画から，設計・開発，生産準備・生産，調達，販売・サービス，市場評価などに至る一貫したシステムの大要を図示したものがあると思います．この図には，各ステップで実施すべき業務を各部門に割り振ったフロー図として示されるのが普通です．関連規程や主要な標準の種類を示してあるものも多く，提供する製品・サービスが組織的にどのように品質保証されるのか，その全貌を可視化するものとして有効だと思います．

■ クレームはなぜ起こるか

　さて，長々とさまざまな要素について検討してきましたが，本章の「誤解」に戻ります．QMS が確立しそれなりに運用されていても，なぜクレームが起きるのでしょうか．

　前述の 1.1 〜 1.4 によってかなり優れた QMS が構築・運用されていても，

誤解12　ISO 9001認証を受けた会社は，市場クレームを起こさないんですよね　139

明日また設計し期待したように運用され，適合製品だけが出荷されるとは限らないことは容易に想像できるでしょう．

　1.2によって，QMSの妥当性が「確認」されていたとしても，それが絶対的に正しいとは限りません．また，1.3で期待しているように，いつでもどこでもルールどおりに業務が実施されているとも限りません．1.4で製品の確認をしていますが，それでもこれから産出される製品について，その品質を確実に確認できるような検査体制になっているとは限りません．

　原因系で結果の質を担保しようという方法は，極めて有効であるし，効率的ではありますが，完全ではありません．だから，ISO 9001のモデルが完全であって，それに適合するシステムを構築し，愚直にそれを守ったとしても，それでも綻びは発生するに違いありません．しかも，ISO 9001という一般的モデルを各組織において適用しようとするときに，その組織がモデルを正しく理解し，的確にシステムを構築・運用するとは限らないのです．

　そういう意味で，確かにISO 9001に適合するQMSを構築し運用してもクレームが発生する可能性があって，「市場クレームを起こさない」というのは誤解には違いないのですが，それでもクレームを減少させる効果があることは疑いようがありません．結果ではなく，その結果を生み出す「能力」に注目しているのがQMSなのです．

❸　認証審査

　❷では，「システムで結果を保証する」ことの限界について考えてきました．それが，ISO 9001認証を受けていても，市場クレームを発生させてしまう可能性を残している一つの理由でしたが，実はもう一つ理由があります．それは「認証を受けていても」にあります．システムで結果を保証するのが難しいのに，そのシステムを審査して認証するというプロセスに綻びがあったら，認証されたQMSの結果はますます信じられません．この誤解を誤解といいたくない想いのうち，認証の信頼性に関わる課題について考えてみます．

よい認証制度とは…？

いつのことだったか，QMS認証機関の方に，「第三者審査におけるよい審査とはどのような審査でしょうか」とお聞きしたことがあります．お答えは，「もちろん，顧客組織のためになる審査です！」というものでした．自明なこと，つまらないことを改まって聞かないでほしい，という感じでした．

私は言葉を失いました．

「いま顧客組織とおっしゃいましたか？」

「はい，私どものお客様である，認証されている組織です」

「認証制度の顧客は，認証結果の利用者であって，認証組織の顧客組織やもっと広くは社会と思いますが…」

「はあ？　でも認証機関は認証組織から認証に関わる費用をいただいて，認証サービスを提供しています」

「QMS認証というのは，ISO 9001というQMSの基準に照らして組織を評価し，適合していたら認証を与えるというものですよね」

「ええ，そうですが，それが何か？（この人は，何をつまらないことをいっているんだ！）」

同じような評価として，人の資格について考えてみました．

私は，同じような評価の例として，「○○士」というような資格制度において，よい評価，よい資格制度がどんなものか，また，少し性格が異なるかもしれませんが，よい「入学試験」についても，どのような試験がよい入学試験といえるのか考えていただこうとしてこんなことをいい出しました．よい資格制度，よい入学試験とは，応募者，受験生のためになる制度，試験なのか，と聞いたのです．

私は，応募者，受験生のためではなくて，資格制度なら資格があるかどうかを的確に判断する制度，入学試験なら入学に必要な学力があるかどうかを的確に判断できる試験が，よい制度，よい試験だろうといいたかったのです．前出

誤解 12 ISO 9001 認証を受けた会社は，市場クレームを起こさないんですよね　141

の認証機関の方は，資格制度，入学試験については，わかってくれました．でも，QMS 認証，EMS 認証は少し違うというのです．「認証」と「認証サービス」の違いをわかっていただけなかったということです．認証機関は認証サービスの提供者ではなく，認証という社会制度において重要な機能を果たす機関のはずなのですが，喜ばれる「認証サービス」を提供していればそれでよいと考えていて，認証の結果を利用する認証組織の顧客や社会に対してどのような価値を提供すべきかについてまで考えが及ばないようでした．

認証制度の質

「質」について考えるためには，何を（製品），誰に（顧客）提供するのかを明らかにし，そのうえで，顧客の視点・価値観でのその製品に対する評価こそが「質」と考えるのがよいと思います．少なくとも，品質論ではそのように考えてきました．

第三者認証制度における製品とは，審査結果（判定結果），その結果がもたらす状態（認証されている状態，あるいは認証結果を利用する社会の状態など）と考えるべきと思います．適合性評価制度の第一の目的は「能力証明」にあります．よい能力証明とは，まずは的確な判断でしょう．その判断の利用者は，第一義的には認証結果の利用者です．認証の副次的目的として評価対象の「能力向上」があります．その意味で，認証組織も制度の顧客と考えたくなるのでしょう．認証機関の方が，QMS 認証や EMS 認証が，入学試験とは「少し違う」と言ったのは，このあたりに理由がありそうです．

さて，認証制度の質とは何であるか整理しておきましょう．まずは，基準に照らし，適合・不適合の的確な判断をする制度かどうか，認証されている間は能力が保持されていると信用できる制度かどうかというような，制度の公正性，中立性，独立性に関わる性質があると思います．透明性の観点から，関係者の属性，活動，結果について適時適切な説明のある制度かどうか，ということもあるかもしれません．

こうした性質の結果として，認証結果を信用し利用・活用できる制度（評価・判断の委託ができる制度）かどうか，国内外に広く通用する制度かどうか，認証組織にとって学習・成長の機会となる制度かどうか，というような認証制度の「価値」が議論されることになると考えます．

ところが，認証される組織にとっては，邪念や欲が頭をもたげかねません．「とにかく，安く，早く，簡単に認証してほしい」とか「お金を支払うのだから，わが社の経営に役立つ指摘をしてほしい」などと考えたくなるのも無理はありません．

■ 認証制度のビジネスモデル

そうなのです．認証制度というのは，健全に機能させることが非常に難しいビジネスモデルになっているのです．質のよい審査，制度の目的に沿った認証をする機関が発展するような制度運営構造には，必ずしもなっていないのです．

認証に必要な費用は申請組織が支払います．その申請組織は認証されることを希望しています．できれば，楽に認証されたいと思っているし，認証後は苦労なく認証を維持したいと思っていることでしょう．認証費用を払うからには組織に役立つ審査をしてほしいと思っているに違いありません．この結果として，安価にして甘い審査で合格にし，認証基準にあろうがなかろうが経営に役立つことを少し指摘してやれば，申請組織も認証機関もハッピーになる，という構図ができあがりやすいのです．

ここで忘れられているのは，認証結果の利用者のことです．このことを，TC 176/SC 2 の議長を辞めたばかりの Nigel Croft 氏は，本当の顧客の意向が入らず健全なフィードバックループが構成されていないという意味で，"Missing link" と言いました．私は，経済産業省の専門委員会での議論を踏まえて「負のスパイラル」と言いました．

「不適合トラウマ」，「不適合アレルギー」もまた，不健全な認証制度に誘導

誤解12　ISO 9001認証を受けた会社は，市場クレームを起こさないんですよね　143

する要因となりかねません．不適合の指摘があると，組織はもちろん認証機関もフォローが大変です．時間もお金もかかります．「是正が難しい不適合の指摘はやめてほしい…」と思いたくなります．そしてついには，これが目的化してしまい，「そこを何とか観察事項に」とか，「不適合といえる確たる証拠と論理を説明してほしい」と迫る，ということになりかねません．

適合＝非「不適合」なのか

　認証の信頼性を考えるにあたり，その基礎となる「適合」についての考察から始めたいと思います．適合性評価における「適合」とは何でしょうか．字義どおりとするなら「(適合)基準を満たしていること」となるのでしょう．でも，いまきちんと考えたいのは「基準を満たしている」ということの意味です．

　私はJABのMS認定委員長を10年以上務めましたが，その初期に「不適合」を証明できなければ「適合」なのか，との疑問をもちました．審査における検出力不足による不適合の見逃しと「適合」をどう峻別すればよいのか，と首をひねりました．認証基準の中には，「〜を確実にするため」，「〜のために必要な」，「〜のための適切な」，「〜のため〜をせよ」というような目的を示す要求事項もありますが，こうした要求への適合の判断を信じてよいのだろうか，と悩みました．MS認定審査では，MS認証機関が有すべきこうした適合性判断能力を確認するわけですが，その確認能力を信じてよいのだろうか，と懸念をもったこともあります．

　同様に，「認証」とは何でしょうか．MS認証の場合，基準に適合するMS(マネジメントシステム)を設計・構築・運営・改善する能力を保有していることの証明であるといってよいでしょう．そうであるなら，認証審査で検出できた不適合の是正だけで認証してよいのでしょうか．検出力不足によって不適合の指摘がないとき，認証してよいのでしょうか．「マイナスが検出できないか，検出したとしても是正できればよい」という考え方で，本当に「能力証明」と

いえるのでしょうか.

灰色は黒と見なすべきではないのか

ISO/IEC 17021-1：2015(JIS Q 17021-1：2015)の箇条 4.4「責任」の一項として，以下の規定があります．

> 4.4.2　認証機関は，認証の決定の根拠となる，十分な客観的証拠を評価する責任を持つ．認証機関は，審査の結果に基づいて，適合の十分な証拠がある場合には認証の授与を決定し，又は，十分な適合の証拠がない場合には認証を授与しない決定をする．

この規定文中のうち，「適合の十分な証拠がある」とは，「不適合が検出されないか，検出された不適合が是正されている」と考えてよいのでしょうか．

私には，にわかには，そうは読めません．もちろん，適合性判断能力に優れた審査員が優れた審査方法で審査して，ということなら受け容れます．不適合がなければ適合という判断をするのであれば，少なくとも審査方法については相当に検討してみる必要があると考えます．

不適合がなければ適合，しかも不適合を「証明」できなければ適合，という考え方は，刑事訴訟における「疑わしきは罰せず」という原則と同じと理解されているようです．しかし，これは大きな誤りではないでしょうか．刑事訴訟の直接的なねらいは「有罪を的確に罰する」ことにあります(刑事訴訟法の何たるかを論ずるには，その目的ともいえる「教育」(社会学習，抑止)と「懲らしめ」などに言及すべきですが，ここでは論点が異なりますのでこれ以上は触れません)．刑事訴訟における基本原則は，最初に設定する(帰無)仮説は「無罪」であって，(有罪の)証拠があれば「有罪」，不十分なら「無罪」であり，もちろん無罪の証拠，例えばアリバイがあれば「無罪」というものです．

一方で，認証は，能力の実証により授与されるもので，その本質は「有能を認知する制度」というところにあります．その基本原則は，(帰無)仮説は「白

紙」(能力の有無は不明，仮に「ない」とする)であって，適合していることが実証されれば「適合」，実証できなければ適合とはいえず「不適合」で，もちろん不適合が実証されれば「不適合」というものであるはずです．

なぜ，このような正反対に見える解釈が可能なのでしょうか．私は，いずれも「誤判断による危険の最小化」の原則に従っているからだと考えています．すなわち，冤罪のほうが，有罪なのに無罪になるより重大であり，無能なのに有能と認知されることは，有能なのに無能と見なされるより重大と考えているということです．

ISO 9001 適合とは何か

私は，長いこと ISO 9001 に基づく QMS 認証に関与してきました．JAB の ISO 9001 シンポジウム(MS 公開討論会)の全体主査を務めてきました．その過程で，「ISO 9001 適合とはどのような"状態"をいうのか」について，議論し考察してきました．

それは，ISO 9001 の各条項に適合していることなのか．ISO 9001 の各条項への不適合を証明できないことなのか．しかも，サンプリングで対象になった要素に対してのみなのか．もし，不適合を見逃してしまったら適合なのか．これらに対しては，そうではないとの合意が得られました．目的を示す要求事項(例：〜のため，必要な，適切な)への適合の判断基準は何かという，前述の難しさについても検討した覚えがあります．

私なりの結論は，ISO 9001 要求事項の「意図」への適合，すなわち，ISO 9001 要求事項に適合したときに発揮できると期待される QMS 能力が，現実に保有され将来にわたって維持できると判断できるとき，ISO 9001 適合といえるのではないか，ということでした．しかも，適合の実証によってはじめて「適合」とすべきであって，適合と確認できなければ「不適合」とすべきだと考えました．

こうした審査ができるためには，認証組織の製品・サービス，その実現プロ

セス，市場・顧客，基盤技術，業種・業態，組織の沿革などの特徴を踏まえ，当該組織が ISO 9001 適合といえる「状態」に関わるモデル，端的に言うなら，当該組織が有すべき「QMS 能力像」をもつべきではないかと考えます．

　私は，ISO 9001 の認証審査の経験はなく，品質経営に関してはデミング賞の審査・診断の経験者，経営品質賞の委員であるにすぎません．ここでの学びは，審査・診断していることは「組織能力」であるということでした．個々のさまざまな事象から QMS 能力に関わる側面を特定し，それらが当該組織のあるべき能力に関わるものであれば，指摘するようにしました．これができるためには，当然のことながら，組織のあるべき姿，もつべき能力のモデル，仮説をもつ必要があります．

■ 能力実証型審査

　私は，QMS 認証審査は，QMS 能力を実証するような審査であるべきと考えています．「認証」とは「能力証明」であると申し上げました．QMS 認証の場合，ISO 9001 要求事項の意図に適合する QMS の設計・構築・運営・改善の能力を保有していることを公式に証明する社会制度である，とも申し上げました．

　ここで強調しておきたいのは「能力」ということです．QMS 認証は，現在はもちろん，将来のある期間，「あることができる」ということを公式に認知する社会制度ということです．QMS のようなマネジメントシステムについては，そのように考えることに違和感はないと思います．マネジメントシステムは手段であって，それを運用して何かを生み出すものであり，その認証は，まともなパフォーマンスを上げることができるようになっているかどうかを評価するものです．製品認証の場合でも，製品仕様が基準に適合しているとともに，将来にわたってその仕様どおりの製品を生み出すことができる能力があると認められる場合に，認証が与えられます．

　ここで，審査において「能力を実証する」という考え方に基づく審査を，仮

に「能力実証型審査」と名づけます．このような QMS 認証審査をどのように行おうとしているのか，私論を以下に紹介します．どうぞ，建設的にご批判ください．

「QMS 能力実証型審査」は，組織の「あるべき QMS 能力像」について，認証機関，組織の双方が共通認識をもち，その能力を有していることを実証する審査でありたいと考えています．ここで「あるべき QMS 能力像」とは，製品・サービスの品質保証に必須の，ISO 9001 要求事項の意図に適合する QMS 像，という意味です．そして，設計・構築・運用・改善している組織の QMS が，その QMS 像に適合していることを実証しようとするものです．

審査は，基本的に，組織側が，組織の QMS が「あるべき QMS 能力像」に適合していることの実証に努め，審査チームによる調査・質疑応答により確認していくという形にできればよいと考えています．

あるべき QMS 能力像

このような審査において，その基準は，形式的・皮相的意味での ISO 9001 ではありません．ISO 9001 要求事項の「意図」への適合，すなわち，ISO 9001 要求事項に適合する QMS が機能している状況，その結果として発揮できる QMS の能力像ということになります．それは，要求事項に適合する製品・サービスを合理的に提供できるような QMS を設計・構築・運営・改善する能力であって，製品・サービスや，製品・サービスの実現方法などの特徴に依存することになるに違いありません．

そこで問われているのは，どのような QMS が構築・運営されていれば，要求事項に適合する製品・サービスを合理的に提供できるのか，ということです．その考察の視点にはさまざまなものがあるでしょう．いくつか例を挙げてみます．

- 品質保証のために，「技術(固有技術)」，「マネジメント(固有技術適用技術)」，「人(技術・マネジメントのもと現実に価値を生み出す主体)」のう

ち,どれが重要なのか.
- 品質保証のために,「企画(要求定義)」,「設計・開発(製品実現仕様)」,「製造・サービス提供」,「検証・品質確認」,「調達(購買,外注,アウトソース)」,「販売・設置・付帯サービス」などのうち,どれが重要なのか.
- 製造・サービス提供における品質保証のために,「人」,「設備」,「調達」のうち,どれが重要なのか.
- 品質保証のスタイルは,「顧客主導」なのか「提供者主導」なのか.
- 顧客は,「企業(組織,専門家,生産財の提供先)」なのか「消費者(個人,素人,消費財の提供先)」なのか(B to B なのか B to C なのか).
- 製品・サービスに,「重要」,「危険」,「高価」,「高度技術」などの特徴がどれほどあるか.
- QMS に,「変更」,「非定常」,「異常対応」,「割込」,「分担」,「委託」などの特徴のある業務要素がどれほどあるか.

審査においては,専門性が要求されますが,それはその分野の技術の詳細を熟知しているというより,その分野の特徴により QMS の設計にどのような考慮が必要であるかを知っているということではないでしょうか.組立製品と素材製品とでは品質保証のポイントが異なりますし,ソフトウェアの品質保証にはハードウェアにない工夫が必要です.ましてや有形の製品の提供と無形のサービスの提供とでは,品質保証の考え方を根本から考え直さなければならない違いがあるかもしれません.

 審査の焦点

すると認証審査においては,「あるべき QMS 能力像」を具現化した QMS であるかどうかを判断する視点をもっていなければなりません.QMS のうち,どこをどう見ればよいか,わかっていなければならないことになります.これを「注目すべき QMS 要素」と呼ぶことにします.

「注目すべき QMS 要素」とは…,と考えると,いろいろな表現ができそう

です．

- 品質保証できる QMS といえるかどうかを決定づける QMS 要素
- 要求事項に適合する製品・サービスを合理的に提供できる QMS といえるかどうかのキーとなる QMS 要素
- これがよければ大丈夫，といえる QMS 要素
- 事実上，品質保証体制全体を代表する QMS 要素

いろいろに表現していますが，私がもっている視点は，「重要性」と「代表性」の2つです．

「重要性」については説明を要しないでしょう．品質保証，顧客満足，まともな QMS のために致命的な影響を与える要素・側面ということです．

「代表性」とは，必ずしも重要とはいえなくても，これを見て大丈夫なら全体，あるいは重要なところも大丈夫といえるような要素・側面を評価するということです．たとえが適切でないかもしれませんが，姑が嫁の掃除能力を見るために，障子の桟に埃がたまっているかどうか指でスーッとなぞって調べるようなものです．

QMS などのマネジメントシステムの審査においては「能力」を評価することになりますので，将来のパフォーマンスを100%保証するような評価は論理的に不可能です．将来のことですし，所詮はシステムという手段を見てパフォーマンスという結果を予測・推論しているのですから，これを限られた時間の中で行うための視点が「重要性」と「代表性」にあると考えています．

審査対象となる「注目すべき QMS 要素」とは，認証機関が，組織と相談のうえ，適当に（いい加減に）設定した課題・テーマ，適当に焦点を当てた QMS 要素などではないはずです．提供する製品・サービス，製品・サービスの実現方法の特徴を踏まえ，顧客要求事項への適合を左右する QMS 要素であるべきです．認証機関は，39 もの分類が必要かどうかはわかりませんが，とにかく組織の業種・業態に応じて「あるべき QMS 像」のモデルをもつべきです．

これが本来の適合性審査ではないでしょうか．「目的志向の審査」，「要求事項に適合する製品・サービスの提供にふさわしい QMS かどうかの審査」，「真

の有効性審査」ではないかと思います.

多くの認証機関は,たぶん以下のような思考プロセスを経て,業種・業態に応じた「あるべき QMS 像」のモデルをもち,確認すべき QMS 要素を明確にする方法を,内部の審査指針として運用しているものと期待したいところです.

- 顧客,製品・サービスの定義(誰に何を?)
- 製品・サービスの要求事項の明確化(どんな製品・サービスを?)
- 製品・サービスの要求事項を満たすために必要な QMS 能力(どのような能力が必要か?)
- (ISO 9001 認証における)「あるべき QMS 能力像」の明確化
- その QMS 能力が埋め込まれている(内在,実体化されている)QMS 要素の明確化
- 「あるべき QMS 能力像」への適合性の判断のために確認すべき QMS 要素(=「注目すべき QMS 要素」)の明確化

『ISO 9001 認証を受けた会社は,市場クレームを起こさないんですよね』という「誤解」を巡って,長々と駄文を弄してきました.この誤解を呟いた方は,このような長文の大上段に振りかぶった回答,反応があるとは思わなかったでしょう.でも,私には,認証制度の本質,システムで結果を保証することの意味,そして QMS 能力の審査のあり方などについての,重大な課題を突きつけている,非常に貴重な「大誤解」でした.

あ と が き

　超 ISO 企業研究会がメールマガジンを創刊してから，早いもので3年が経ちました．メールマガジンとしてはかなり長文の内容を毎週火曜日にお届けし続けてきておりますが，その内容からついに書籍が誕生したことに，研究会のメンバー一同，深い感慨を覚えています．

　超 ISO 企業研究会は，飯塚悦功東京大学名誉教授（当研究会会長）を中心として，その名のとおり ISO 9001 のレベルにこだわることなく，真の品質経営を追求されている方々のお役に立つための研究，そして情報発信を行ってきている団体です．副会長として，株式会社テクノファの平林良人会長，東海大学の金子雅明准教授が会を引っ張り，そこに複数の ISO/TC 176 国内対応委員会主力メンバーや，ISO 9001 や QMS に関する日本の精鋭が集まり，早 10 年以上にわたりさまざまな研究活動を行ってきました．

　その活動の一つとして 2015 年から開始したメールマガジンは，毎回読みごたえのある内容で通の方からは高く評価されてまいりました．

　今まで発行してきたメールマガジンのテーマを挙げると，

- 真・品質経営
- QMS の本質
- メンバーのつぶやき
- ここがポイント，QC ツール
- ISO 9001 改正のこころ
- QMS の大誤解はここから始まる
- 昨今の品質不祥事問題を読み解く

というラインナップになっています．

　ISO 9001 を強く意識してはいますが，そこにこだわるわけではなく，広く

品質を捉え，そして経営というところにまで視座を広げた研究，そしてその成果を皆様に問うてきたわけです（詳細は当研究会ホームページをご覧ください）．
　超 ISO 企業研究会　ホームページ　https://www.tqm9000.com/

　本書は，「QMS の大誤解はここから始まる」で配信された全 29 回の内容を，そのテーマである 12 編それぞれについて，じっくり時間をかけて加筆・修正しながら一冊の書籍にまとめ上げました．メールマガジンをずっとお読みいただいた読者の中には，
　「あれっ，こんな内容，メルマガのときにはあったかな？」
と思われる部分もあったことでしょう．
　一冊の本に仕上げる過程で，全体のバランス，そして前後の話のつながりを強く意識して各執筆者の元原稿を会長，副会長の 3 名が編著者として手を加えた結果，メールマガジン配信時からさらに充実した内容になったと自負しております．書籍として世に問うにふさわしい内容に変貌を遂げることができた，と思う次第です．
　メールマガジンでは，読みやすく，関心をもってもらうことを強く意識して，できるだけ簡潔かつ平易な内容とすることを心がけてきました．しかしながら読者の皆様には果たしてどちらがよいのか，と逡巡する中で，紙面だけでもしっかりと各執筆者そして当研究会の想いが伝わるような内容にしようと，本書では多少読者に求める読解レベルが上がっても，伝えるべき点は伝えよう，という想いの結果がこの形となりました．
　その結果，メールマガジンだけでも十分な学びを得ることができるものではあったと思いますが，より社内を組織的に動かしていくうえでの大事なものを伝えることができるようになったのではないかと考えております．

　品質，ISO 9001 を取り巻く昨今の状況に少々触れておきましょう．ISO 9001 の 2015 年版が発行され，3 年間と設定された移行期間が終了しました．そして 2017 年晩秋から立て続けに起きた日本を代表する製造業における，い

わゆる品質不祥事についてはまだまだその余波が続いていると言っても過言ではないでしょう．「品質立国日本」，「Japan as No.1」といった言葉が飛び交っていたのもいまは昔，という状況になってしまいました．ISO 9001 の認証取得数の伸びが止まった現在，認証返上を考える組織の存在はあちらこちらで聞かれるようにはなったものの，認証取得数自体の変化にはまだ大きなものは見られません．もしかすると，一旦認証取得をした以上，止めることもできない，という状況に陥っている組織の方々もいらっしゃるのかもしれません．

前任者から引き継いだから，会社の方針として取り組むことになっているから，などという私どもからすれば残念な状況や声が全国各地から聞こえてきています．ですがこれではあまりにももったいない，というのが私たちの考えです．

せっかく限られた時間，人生の中で目の前の業務に取り組むのですから，その限られた中でのベストを尽くしてほしい，と思うばかりです．

本書は ISO の担当者ばかりを意識してできたものではありませんが，中心に考える読者は ISO 認証取得先の事務局担当の方々です．ISO 9001 が生まれて 30 年以上が経つ中で，当初認証を取得されたときの想いと，現在，現実における ISO 9001 への期待そして役割もだいぶ変わってきています．取り組み始めた当初苦労した方々がまだ現役として残ってくださっている組織は，多くはないかもしれません．その経験をされた方から直接の体験談，苦労話が聞けるのであれば若い方々にはとっては，とても素晴らしい財産になることでしょう．しかしながら，すべての組織でそのような円滑な技術移転，継承がなされているわけではありません．そこで各執筆者が，歯に衣着せぬ物言いで，本音ベースでの論陣を展開している本書の内容は，いまさらそのような点での質問をするのは憚られる，という方々にもとてもフィットすると思っています．

ISO 9001 の規格自体はとてもよいもの(特に今回の 2015 年改訂版では)と思っています．問題はそれをどのように捉え，活用するか，という組織の皆さんの腕次第，という部分がいままで以上に濃くなってきました．本書の内容，つまりメールマガジンの内容自体，ということになりますが，

「そこまで大胆に書いていいの？」
というお声も途中で聞こえてきました．ですが決して特定の誰か，どの団体かを非難するわけではなく，私たちの業界全体が抱える課題を強く意識して取り上げたテーマばかりです．特定の業種業態の方々に絞ったわけではなく，どのような職種にお勤めの方々であっても参考になる点が数多くあると信じています．

是非とも本書は1回通読して終わり，ではなく，手元に常において，
「そういえばあの本では，この部分への考え方の斬新な見解が出ていたよな」と思い出していただき，その該当部分だけを読み直す，という使い方をしてください．同じ箇所でも，皆様が経験を重ねるに伴って気になる点，参考にできる点が変わってきます．そしてその部分についてご自身だけのものに留めるのではなく，職場の周りの方々，場合によっては上司の方々と意見交換をしてみていただきたいのです．それによって，ISO 9001の運用および管理に限界，閉塞感を感じておられる方にとっては，きっと何かしらの部分で目の前の霧が晴れるような気持ちになられるでしょう．

本書は決してサッと一読して活用できる，というものは多くはない点は，どうぞご理解をいただければと存じます．読んでじっくり考え，そして皆様の組織での展開を，試行錯誤を繰り返しながら進めていただきたいのです．

私たち研究会も，そのような方々が日本各地で奮闘されておられる姿を思い浮かべながら今後もメールマガジンの発行を続けていきたいと考えております．取り上げてほしい内容，テーマがございましたら，遠慮なく超ISO研究会事務局までご連絡ください．

最後になりましたが，本書の出版に当たり，温かいご理解，ご声援を頂戴しました日科技連出版社の戸羽節文社長には厚く御礼申し上げます．本書の元になったメールマガジンの発行を始めた初期段階に，同シリーズの価値を高くご評価いただき，本書の出版まで導いてくださいました．そして実際の編集では，石田新係長に大変なご苦労をおかけしました．個性の強い執筆陣の主義，主張

をうまく吸い上げていただき，一冊の本にまとめ上げるご苦労は並大抵のものではなかったであろうと思っております．

　そして，毎週メールマガジンをご愛読いただいている皆様にも感謝申し上げます．皆様からの反応がなければ，本書出版には至らなかったかもしれません．

　今後も超ISO企業研究会は世の中の流れに迎合することなく，あるべき姿の追求をしてまいります．引き続きご縁を頂戴できれば有難く存じます．

2018年8月

超ISO企業研究会　事務局長

青木　恒享

引用・参考文献

1) 日本工業標準調査会(審議):『JIS Q 9000:2015(ISO 9000:2015)品質マネジメントシステム―基本及び用語』,日本規格協会,2015.
2) 日本工業標準調査会(審議):『JIS Q 9001:2015(ISO 9001:2015)品質マネジメントシステム―要求事項』,日本規格協会,2015.
3) 日本工業標準調査会(審議):『JIS Q 9005:2014 品質マネジメントシステム-持続的成功の指針』,日本規格協会,2014.
4) 日本品質管理学会編:『新版 品質保証ガイドブック』,日科技連出版社,2009.
5) 飯塚悦功:『現代品質管理総論』,朝倉書店,2009.
6) 飯塚悦功・金子雅明・住本守・山上裕司・丸山昇:『進化する品質経営』,日科技連出版社,2014.

索　引

【英数字】

applicability　48
EFQM 賞　113
ISO　iii
ISO 9000　104
　——の世界での品質保証　135
ISO 9001　48, 103, 104, 127
　——規格　2
　——適合　145
　——の適用範囲　124
　——のモノサシ　40
　——の有効活用　109, 136
ISO 9001 の QMS モデル　25
　——の効用　6
ISO 9004　104
JIS Q 9005　113
Management　107
QA　134
QC　133
QMS　29, 36, 103
　——の PDCA　95
　——の意義　105
　——の意図した結果　9
　——の継続的な見直し　6
　——の国際モデル　6
　——のパフォーマンス　39
　——を説明する文書　47
QMS 認証　129
　——制度　105
　——の価値　121
　——の効果　121

QMS モデル　110
　——の限界　2
　——の効果　12
　——の本質　2, 6
Quality　106
System　107
tailoring　48, 50
TQC　108, 111
TQM　108, 110
　——の構成要素　111

【あ行】

アウトプットの検証　99
アウトプットマターズ　124, 126
アウトプット問題　126
あるべき QMS 能力像　147, 148
あるべき姿　61

【か行】

外圧の活用　6
改善の機会　86
監査証拠　98
観察事項　86
監査プログラム　96
規格要求事項のオウム返し　46
基準　116
基本動作の徹底　6
客観的証拠　98
教育と訓練　80
業界　122
業務標準の妥当性　79

記録　51
クレーム　138
経営層　38
効果の把握　13
購入組織　122
顧客価値提供　106
顧客満足　108, 125
コミュニケーション　18, 77

超 ISO 企業研究会　113
提供組織　122
適合　143, 144
適用可能性　48
手間がかかる　50, 51
デミング賞　111
統合　33
投資　16

【さ行】

サプライチェーン　122
サンプリング　99
市場原理　118
システム　107
　——志向　107
実証　125, 135, 144
指摘事項　86
指摘ゼロ　85
修整　48, 50
仕様　135
証拠　18, 78
審査員の力量　89
審査側の誤解　88
審査の PDCA　90
審査の焦点　148
真に有効な ISO 9001 システムの構築　70
推奨事項　86
製品認証　129
責任権限　6
セクター規格　89
組織のマネジメント構成要素　35

【な行】

内部監査　93, 94, 95
　——の価値　101
日本経営品質賞　113
日本における品質保証の意味　134
認証　105, 118, 141, 143, 144
　——維持　44
　——サービス　141
　——審査　139
　——制度の質　141
　——制度のビジネスモデル　142
　——制度の本質　116
　——の信頼性　139
認証取得　44
　——済み組織のデータ　22
　——の効果　11
　——の費用　14
認定　105
能力向上　117, 121
能力実証型審査　146
能力証明　117, 121

【は行】

パフォーマンス　39, 129
バリューチェーン　66
費用　16
評価　116

【た行】

チェックリスト　98
知識の再利用　18, 77
注目すべき QMS 要素　148

標準　　50, 75
　　――の改訂　　81
標準化　　75
品質　　25, 106
　　――賞　　111
　　――不祥事問題　　50
　　――部門の業務　　66
　　――部門の仕事　　65
品質管理　　110, 133
品質保証　　108, 133, 136
　　――機能　　19
　　――能力　　49
品質マネジメント　　106
　　――の原則　　74, 90
附属書SL　　129
不適合　　86, 144
プロセスアプローチ　　52, 74, 88
プロセスネットワーク　　74
文書　　76
　　――管理　　81
　　――と実態の乖離　　82
　　――の役割　　77
　　システム――　　69
文書化　　6, 32, 73
　　――に関する誤解　　18
　　――の判断基準　　79

　　――の役割　　18
ベストプラクティス　　75
本業　　44
　　――への理解　　53

【ま行】

マネジメント　　107
　　――レビュー　　93
マネジメントシステム　　iv, 28
　　――に対する誤解　　20
　　――の構築　　70
　　――の目的　　66
マルコム・ボルドリッジ国家品質賞　　112
丸投げ　　16, 60
目的志向　　107
もぐら叩き　　70

【や行】

有用な認証制度の4条件　　120
ユニットプロセス　　74
よい審査　　88
よい文書とは　　80
横串の機能　　66

【ら行】

リスク及び機会　　38

編著者・著者紹介

編著者

飯塚　悦功　（いいづか　よしのり）　全体編集，第11章・第12章執筆担当
超ISO企業研究会　会長，東京大学名誉教授，JAB理事長

　1947年生まれ．1970年東京大学工学部卒業．1974年東京大学大学院修士課程修了．1997年東京大学教授．2013年退職．2016年公益財団法人日本適合性認定協会（JAB）理事長．日本品質管理学会元会長，デミング賞審査委員会元委員長，日本経営品質賞委員，ISO/TC 176前日本代表，JAB認定委員会前委員長などを歴任．

金子　雅明　（かねこ　まさあき）　全体編集，第2章・第3章・第8章執筆担当
超ISO企業研究会　副会長，東海大学情報通信学部経営システム工学科　准教授

　1979年生まれ．2007年早稲田大学理工学研究科経営システム工学専攻博士課程修了．2009年に博士（工学）を取得．2007年同大学創造理工学部経営システム工学科助手に就任．2010年青山学院大学理工学部経営システム工学科助手，2013年同大学同学部同学科助教，2014年東海大学情報通信学部経営システム工学科専任講師（品質管理），2017年同大学同学部同学科准教授に就任し，現在に至る．専門分野は品質管理・TQM，医療の質・安全保証，BCMS．

平林　良人　（ひらばやし　よしと）　全体編集，まえがき執筆担当
超ISO企業研究会　副会長，株式会社テクノファ　取締役会長

　1944年生まれ．1968年東北大学工学部卒業．1987年セイコーエプソン英国工場取締役工場長．1998～2002年公益財団法人日本適合性認定協会（JAB）評議員，2001年～2010年 ISO/TC 176（ISO 9001）日本代表エキスパート，2002年～2010年東京大学大学院新領域創成科学研究科非常勤講師，2004～2007年経済産業省新JISマーク制度委員会委員，2008年～2014年東京大学工学系研究科共同研究員，2016年～2018年ニチアス株式会社社外取締役．

著者

青木　恒享　（あおき　つねみち）　あとがき執筆担当
超 ISO 企業研究会　事務局長，株式会社テクノファ　代表取締役
　1965 年生まれ．1988 年慶應義塾大学理工学部卒業．1988 年～ 1999 年安田信託銀行株式会社勤務．1999 年株式会社テクノファ入社，2013 年同社代表取締役に就任．現在に至る．

住本　守　（すみもと　まもる）　第 7 章執筆担当
超 ISO 企業研究会メンバー，独立行政法人製品評価技術基盤機構認定センター　客員調査員
　1949 年生まれ．1969 年神戸市立工業高等専門学校電気工学科卒業．1969 年～ 1973 年日本コロンビア株式会社，1973 年～ 2003 年ソニー株式会社勤務．2005 年～ 2011 年独立行政法人製品評価技術基盤機構認定センター技術顧問，2011 年から独立行政法人製品評価技術基盤機構認定センター客員調査員に就任．ISO/TC 176/SC 2/WG 22 解釈 WG エキスパート，ISO/CASCO 国内対応委員会前委員長，品質マネジメントシステム規格国際対応委員会，日本品質管理学会標準委員会前委員長．2018 年 4 月 1 日逝去．

土居　栄三　（どい　えいそう）　第 4 章執筆担当
超 ISO 企業研究会メンバー，マネジメントシステムサポーター
　1953 年生まれ．元大阪いずみ市民生活協同組合 CSR 推進室長．2000 年～ 2012 年まで同生協で環境・品質をはじめ社会的責任課題全般を対象とするマネジメントシステムの構築・推進を担当．2013 年以降は全国の生協や企業のマネジメントシステムの支援も手掛けている．

長谷川　武英　（はせがわ　たけひで）　第 9 章・第 10 章執筆担当
超 ISO 企業研究会メンバー，クォリテック品質・環境システムリサーチ　代表
　公益財団法人日本適合性認定協会(JAB)認定審査員，検証審査員，元日本自動車工業会(JAMA)品質システム WG 副主査．
　元本田技研工業株式会社技術主幹：1970 ～ 1998 年　法規認証，品質管理・保証・

監査，開発管理，欧州において EC 指令の調査・分析，JAMA 活動支援，英国工場 QMR を歴任，QMS 初期構築．1998 年 QS-9000 認定審査員，自動車セクター専門家として企業研修，コンサルティング起業．2002 年 IAF/PAC Peer Evaluator．

福丸　典芳（ふくまる　のりよし）　第 5 章執筆担当
超 ISO 企業研究会メンバー，有限会社福丸マネジメントテクノ　代表取締役

　1950 年生まれ．1974 年鹿児島大学工学部電気工学科卒業．1974 年日本電信電話公社入社．1999 年 NTT 東日本株式会社 ISO 推進担当部長，2001 年株式会社 NTT-ME コンサルティング取締役．2002 年有限会社福丸マネジメントテクノ代表取締役に就任し，現在に至る．一般財団法人日本規格協会品質マネジメントシステム規格国内委員会委員，公益財団法人日本適合性認定協会技術員会副委員長などを務める．

丸山　昇（まるやま　のぼる）　第 1 章・第 6 章執筆担当
超 ISO 企業研究会メンバー，アイソマネジメント研究所　所長

　1947 年東京に生まれる．1977 年ぺんてる株式会社(文具製造業)に入社．同社吉川工場の生産技術室，QC 担当室長，生産本部 QC・TQC・IE 担当次長，茨城工場の企画室次長などに従事．2002 年に同社を退社し，アイソマネジメント研究所を設立．最近は，中小企業診断士，日本品質奨励賞審査委員，ISO 9001 および ISO 14001 主任審査員として，中小・中堅企業向けの経営／生産／品質管理を中心としたコンサルティングや，セミナー講師，企業診断・審査活動などを行っている．

ISO運用の"大誤解"を斬る！
－マネジメントシステムを最強ツールとするための考え方改革－

2018年9月25日　第1刷発行
2018年12月25日　第2刷発行

編著者	飯塚　悦功　金子　雅明
	平林　良人
著　者	青木　恒享　住本　守
	土居　栄三　長谷川武英
	福丸　典芳　丸山　昇

発行人　戸羽　節文

検印省略

発行所　株式会社 日科技連出版社
〒151-0051　東京都渋谷区千駄ヶ谷5-15-5
DSビル
電話　出版　03-5379-1244
　　　営業　03-5379-1238

印刷・製本　㈱金精社

Printed in Japan

ⓒ *Yoshinori Iizuka et al. 2018*
ISBN 978-4-8171-9651-4
http://www.juse-co.jp/

本書の全部または一部を無断で複写複製(コピー)することは，著作権法上での例外を除き，禁じられています．

進化する品質経営
事業の持続的成功を目指して

飯塚　悦功, 金子　雅明, 住本　守, 山上　裕司, 丸山　昇　著
A5判　224頁

本書では，顧客価値提供において，どのような経営環境の変化にも的確に対応し，顧客からの高い評価を受け続けることによって財務的にも持続的に成功できる経営スタイルの重要性について述べ，その実践方法を解説する．

また，持続的成功を具現化する品質マネジメントシステムの設計，構築，運営，改善について，「超ISO企業研究会」のメンバーが行ってきた研究，実践事例も紹介する．

主要目次

- 第1章　事業を再考する
- 第2章　真・品質経営による持続的成功
- 第3章　持続的成功を実現する品質マネジメントシステムの概念モデル
- 第4章　事例に見る真・品質経営の実像

日科技連出版社の書籍はホームページにて紹介しております．
http://www.juse-p.co.jp/